織田邦男 Kunio Orita
西村幸祐 kohyu Nishimura

日本を滅ぼす簡単な5つの方法

世界は悪意と危機に満ちている

ワニ・プラス

まえがき

世界は悪意と危機に満ちている

西村幸祐

2024年パリ・オリンピックは、毀誉褒貶《きよほうへん》の嵐の中で終わり、非常に多くのことを考えさせられた。それは、本書のテーマと無関係どころか、じつは非常に密接な繋がりを持つものになった。近代オリンピックを提唱したクーベルタン男爵の母国フランスの首都、パリで100年ぶりに開催されたオリンピックだったが、フランスでは、少なくともパリ五輪組織委員会は、クーベルタン男爵を回顧するような素振りは全く見せなかった。それもかなり今回のパリ五輪を語るうえで大きなポイントとなる。

まず、我が国とオリンピックの関わりについて振り返ってみよう。1896年（明治29年）の第1回アテネ五輪に日本は参加しなかった。できなかったのである。日本の初参加は1912年の第5回ストックホルム大会だった。大会期間中7月30日に明治天皇が崩御したので、五輪開催中に元号が明治から大正に代わった日本にとっては特別なオリンピックになった。

19世紀末にヨーロッパの貴族階級のいわばサロンのような場でクーベルタン男爵の古代ギリシアのオリンピックを復活させようという話が具体化していったのだが、一方、日本は欧米先進国のアジア・アフリカの植民地支配が前提となる苛酷な帝国主義の時代に、まず富国強兵という国是を掲げて、江戸時代末期に諸外国と締結した差別的な不平等条約を撤廃することに心血を注がなければならなかった。

しかもその上、ロシアの南下政策は江戸時代からそうだったが、明治維新後も絶えず我が国の脅威となっていた。従って日清、日露の総力を挙げて戦った大きな戦争は、日本人の避けられない宿命だったのである。米英仏など欧米諸国との不平等条約を撤廃し、平等な条約を締結するには1905年（明治38年）の日露戦争の勝利まで待たねばならなかったのである。私たちの祖先は、それだけ大きな宿命を明治の御代《みよ》を迎えた時点で前提として背負わされていたのである。

実際、日本が初めてオリンピックに参加したのは、大会期間中に大正時代を迎えることになった1912年だったのは前述したとおりだ。

クーベルタン男爵が組織委員会の重要人物として働き、成功させた第2回大会パリ五輪は、まさに〈ベル・エポック〉Belle Epoque「美しい時代」と呼ばれる時代の真っ只中で19世紀最後の年、１９００年だった。当時の欧州はパリを中心に〈世紀末芸術〉、〈アール・ヌーボー〉（新しい芸術）が花開き、パリという都市自体が清新な文化を世界に発信する拠点だった。

そして2回目のパリ・オリンピックが開催された１９２４年（大正13年）には、パリは米国の〈ジャズ・エイジ〉と呼ばれた１９２０年代の爛熟した文化トレンドと呼応しながら、20世紀の芸術のあらゆる萌芽を揺籃《ようかん》させて、新しい文化の発信拠点、〈エコール・ド・パリ〉Ecole de Paris「パリ派」として世界に影響を与え続けていた。日本人の藤田嗣治も活躍していた。30歳でパリに客死した佐伯祐三もいた。画家だけでもピカソ、ゴーギャン、マティス、モディリアニ、ダリ、ミロ、とジャンルを問わず綺羅星《きらぼし》のような芸術家が並び、文学者もブルトン、アポリネール、コクトー、エリュアール、ラディゲと、それこそ文化遺産といえる作品を遺した作家、詩人がいた。

その１００年後が、今回のパリ・オリンピックだった。クーベルタン男爵が古代ギリシアから受け継いだはずの〈オリンピズム〉という概念はスポーツの〈価値自体〉を讃えることで、スポーツ自体が政治や国際紛争、経済などに優先されなければならないという理念である。ところが２０２４年パリ・オリンピックでは、スポーツの価値が流行的なイデオロギーであるＤＥＩ（Diversity Equity Inclusion 多様性・公正性・包括性）に従属させられることになった。それをマクロン政権とパリ五輪組織委員会、そしてＩＯＣ（国際オリンピック委員会）が牽引したのである。

その結果、バチカンや中東諸国を始め世界中から宗教を侮蔑した、と非難が殺到する開会式の演出となり、さらに競技の運営自体のお粗末なミスが相次ぎ、史上最悪のオリンピックとまで呼ばれるようになってしまった。

１００年前の世界への文化の発信拠点だったパリは見る影もなく、フランスという国家自体も、マクロン政権が左派に迎合する政権運営で中道穏健派や最も選挙で得票率の高かったグローバリズムに反対する国民連合を敵視し、行き所のない袋小路に入りつつある。

２０２４年パリ・オリンピック開会式は、スポーツやオリンピックの価値そのものを讃えるのではなく、スポーツとオリンピックを政治的、イデオロギー的なプロパガンダの道具として使っているという意味で、ナチスによる１９３６年のベルリンオリンピックと全く同様なのである。いや、スポーツに対する敬意を欠いているという点で、１９３６年のナチスのベルリン・オリンピックの開会式よりもひどいものなったと断言したい。１９３６年の

ちょうどパリ・オリンピックの開催中に、核兵器に関する重大事件が起きた。８月９日は長崎が人類で2回目の核攻撃を受けた日で被爆者慰霊祭が行われる。毎年、主要国の駐日大使も招待され出席するが、令和６年（２０２４年）の〈長崎原爆の日〉では鈴木史朗長崎市長がイスラエル駐日大使に招待状を出さなかったので、イスラエル大使は欠席することになり、事態を深刻に捉えたＧ７各国の駐日大使が慰霊式典をボイコットしたのである。

鈴木市長はパレスチナ・ガザ地区を攻撃するイスラエルを批判し、パレスチナ代表を招待する越権行為まで行った。その結果、79年前に一般市民を大虐殺する明白な戦争犯罪を犯した米国の駐日大使に、被爆者慰霊祭欠席の免罪符を与えてしまったのだ。

鈴木史朗市長の世界が全く見えない、思考力のない行動が、国際関係に影響を与える愚行となった。これも同時期に開催中だったパリ・オリンピックの組織委員会やＩＯＣの判断と同じである。鈴木長崎市長のような行動が、最も核廃絶という理念を遠ざける愚行に

なるのだが、なぜ、そのような行動を平気で取らせてしまうのだろうか。

本書はタイトルの通り『日本を滅ぼす簡単な5つの方法』を披露することが目的だ。副題の『世界は悪意と危機に満ちている』という現実から目を背けてきた人たちへの警鐘でもある。構成は次の通りになっている。

1）情報を閉ざす
2）歴史を削除する
3）言葉を奪う
4）幻想を与える
5）戦う名誉を奪う

じつは、右記に掲げた5つの手段は、敗戦後に日本を占領したGHQが行った政策に他ならない。滑稽なことに、米軍の占領が解かれて72年になる今年でも、これらの政策は堂々と実行されているのである。

ＧＨＱは自らが占領を解いて日本を独立させた後でも、占領体制が継続する仕掛けを設置していた。それは、占領中のＧＨＱによるメディアの検閲が事前検閲から事後検閲になった昭和22年（１９４７年）に作動したシステムと同様のものが動いているからだ。一人でも多くの方に日本を滅ぼさない方法に目を向けてもらいたいと切に願っている。

本書は私と全く同学年、早生まれも同じであり、同世代の織田邦男元空将との出会いがあって初めて世に問えるものになったと考えている。すでに知らない内に？70歳を超えてしまったポスト団塊の世代の二人が、Ｚ世代を含む若い世代に本当に遺したい、伝えておかなければならない言葉なのである。

読者には、私たちの意を汲んでいただけることを切に願っている。

令和６年盛夏

第二章 歴史を削除する 63

第三章 言葉を奪う 95

第四章 幻想を与える 139

第一章

情報を閉ざす

情報を伝えない、覆い隠す、書き換える。

つまり「情報を閉ざす」ことの意図するところは、個人あるいは私本位の価値観というものを絶対的に重視して、すべての根本にある国家を支える人間一人一人の働き、公に尽くそうとする意思をないがしろにする、ということである。

そして、その結果として生じているものこそ「虚ろな」社会風潮である、という結論にならざるをえない。（織田邦男）

●社会の縮図としての自衛隊

西村幸祐（以下、西村）『日本を滅ぼす簡単な5つの方法』という本書のタイトルは、もちろん極端な皮肉あるいは逆説でありまして、つまり、これから本書で織田さんと対談・議論していくことになる「5つの方法」を逆手に取れば、まさに、日本が滅ぶことはない、今後の繁栄も見えてくる、ということになるのですが、その「方法」のまず1つ目として、「情報を閉ざす」ということを掲げました。これは、とりもなおさず、「学校教育」と「メディア」が犯している大罪ということに他なりません。

織田さんは、1974年に防衛大学を卒業されて航空自衛隊に入隊し、35年間、日本国防衛の現場の任を務められた後、2009年、航空支援集団司令官現職をもって退職され、現在は麗澤大学（千葉県柏市）で特別教授として安全保障学の教鞭を執っておられます。いわゆる「教育」は、現在の織田さんの専門でもあるわけですね。もちろん、自衛隊在籍時代においても、アメリカ空軍大学で指揮幕僚課程を修了されたり、スタンフォード大学の客員研究員を務めたりなどされていて、軍事の現場の指揮を含め、一貫して教育者の立場におられるように思います。

織田邦男（以下、織田）　西村さんがおっしゃられるように、私は司令官など指揮官職に就いていた期間が長く、いかに自衛隊の隊員を指導するか、隊員教育はどうあるべきかということに大きな関心があり、また、当然のことながら実践もしてきました。航空自衛隊幹部学校幹部会が発行している刊行物に『鵬友《ほうゆう》』という１９７５年に創刊した雑誌があるのですが、航空自衛隊創設50周年の節目に、「私の教育論」というタイトルの論文を寄稿したりなどしてもいます。

世間には少なからず誤解があるように思いますが、自衛隊には決して特別な人間が入ってくるわけではありません。確かに防衛大学校では安全保障ならびに国家防衛に関連する教育を受けますが、それ以外の隊員は、一般的な義務教育および高等教育を受けただけの人たちです。そういった隊員たちに、それまで受けてきた教育からはおそらく抜け落ちてしまっている国家観や歴史観、あるいは軍事や安全保障というものを教育し直さなければなりません。自衛隊の中は、実は、日本社会の縮図なのです。

昨今、さらにまた、日本の社会が、思想、政治、経済のあらゆる点でメルトダウンし始めていると言われています。そのメルトダウンの状況が非常にうまく説明されていると思いますが、西村さんは、日本を滅ぼす手段あるいは方法として、５つのポイントを挙げられたわけです。

西村　そのまま本書の章立てになっていますが、情報を閉ざす、歴史を削除する、言葉を奪う、幻想を与える、戦う名誉を奪う、の5つですね。

織田　その5つに通底すると思うのですが、先に触れた「私の教育論」の中で私が冒頭に掲げた、ルネサンス期イタリアのベニスの歴史家ジョヴァンニ・ボテロ（1544～1617年）が残した言葉があります。

ボテロは、「偉大な国家を滅ぼすものは、決して外的要因ではない。それは、何よりも人間の心の中、そして、その繁栄たる社会の風潮によって滅びる」と言っています。また、20世紀イギリスの歴史家アーノルド・トインビー（1889～1975年）は、12巻からなる大著『歴史の研究』を通じて、「我々は常に、自らの内にある『虚ろなもの』によって滅ぶ」ということを度々言っています。

何よりも人間の心の中が問題なのだ、ということです。そして、国家を滅ぼしたい、実際に滅ぼそうとする側は、ボテロとトインビーを合わせたような「虚ろな社会の風潮」を、あの手この手を使って作り出し、維持し、虚ろな方向へ持っていこう持っていこうとするわけです。人間自らの内にある「虚ろな」ものをつくり出すために、国家を滅ぼそうとする側の戦術として、西村さんが挙げられたような5つの方策がある、と言うことができるのだろうと思います。

興味深いのですが、トインビーの『歴史の研究』からはまた、「いかなる国家も衰退するが、その要因は決して不可逆なものではなく、意識をすれば回復させられる」という主張が読み取れます。さらには、「国家衰退の決定的要因は自己決定能力の欠如だ」ということも読み取れます。

西村　2024年で戦後79年を数えることになるわけですが、日本の状況はまさにその通りですね。

織田　この間、他国の思惑によって本当に日本は自己決定能力を欠如させられました。自らの心の中に「虚ろなもの」を植え付けられたわけです。

自衛隊法施行規則第39条には、自衛隊員は常に次の宣誓をもって服務することが定められています。

私は、我が国の平和と独立を守る自衛隊の使命を自覚し、日本国憲法及び法令を遵守し、一致団結、厳正な規律を保持し、常に徳操を養い、人格を尊重し、心身を鍛え、技能を磨き、政治的活動に関与せず、強い責任感をもつて専心職務の遂行に当たり、事に臨んでは危険を顧みず、身をもつて責務の完遂に務め、もつて国民の負託にこたえることを誓います。

先に申し上げた通り、自衛隊も日本社会の縮図です。多くの、「虚ろな」社会風潮に育てられてきた隊員たちが、今後も本当に「事に臨んでは危険を顧みず」任務を遂行できるのかどうか、今一度見直してみようという趣旨でまとめたのが「私の教育論」という論文だったわけです。結論と申しますか、そうした「虚ろな」社会風潮をつくり出した最大の原因は、間違いなく戦後教育です。

戦後教育というものを分析すると、自然に、西村さんの言われる5つの方法、「情報を閉ざす」「歴史を削除する」「言葉を奪う」「幻想を与える」「戦う名誉を奪う」に分割されていくのだろうというふうに思いますね。

●直結しているのに遠ざけられる「軍事」

西村　織田さんと私はともに1952年生まれで、まったくの同世代です。小学校生活はああだった、中学校生活はこうだった、といった世代論も交えながら進めていければと思いますが、まずは、軍事に関する日本人の意識、軍事に関する日本の情報環境、というところを考えていきたいと思います。

端的に言って、一般の多くの日本人は、軍事は自分とは関係のない、遠い話であると思っている、という状況があります。これはおかしい。事実として、あらゆる意味で、軍事と日本国民は直結しています。学校教育およびメディアが発信する情報によって、関係ない、関係すべきではない、というふうに思わされてしまっているだけなんですね。

織田　「国家観」が失われてしまっている、ということだと思います。

西村　2024年の5月3日、憲法記念日ですが、櫻井よしこさんが代表を務める『21世紀の日本と憲法』有識者懇談会」に沖縄県与那国町の糸数健一町長が登壇して、改憲を主張したのです。産経新聞の報道によれば、「自縄自縛的な現憲法のくびきから脱却を図るため、憲法改正に向けて勇往邁進する時だ」と述べ、「平和を脅かす国家に対して一戦を交える覚悟が問われている」とメッセージしました。「平和を脅かす国家」というのはもちろんチャイナのことで、台湾有事のリアリズムを前に、台湾に最も近い島が与那国島であること、与那国島の直近に台湾の防空識別圏が敷かれているにもかかわらず（かつては米軍統治下に設定された台湾の防空識別圏が与那国島の上空を分断していたが、台湾との協議により現在は半径約25キロメートルの範囲が日本の防空識別圏に設定しなおされている）沖縄本島から与那国島までの509キロメートルの間に自衛隊の基地も米軍の基地もないことなど、そういった危機的事実をふまえてのことです。

案の定、この糸数町長の発言を、寄ってたかってメディアが叩いた。国民や住民に覚悟を強いるとは何事か、住民保護に相反する首長らしからぬ発言、といった論調です。

織田　テレビのニュースは特にひどかった。糸数町長は当たり前のことを当たり前に述べただけです。

西村　糸数町長の改憲発言があった2週間後に、ラーム・エマニュエル駐日米国大使が米国大使史上初めて与那国島を訪問しました。台湾問題に関する中共（中国共産党）への明確なメッセージです。

本来なら、対応を糸数町長一人に任せるのではなく、沖縄県知事が与那国島へ行って出迎えるべきところです。ところが、現職の玉城デニー氏はそうしなかった。外交のプロトコルを知らないわけではないでしょう。しかし玉城沖縄県知事は、対米従属だとかそういうこととは何の関係もない外交常識というものを遂行しませんでした。

玉城沖縄県知事はチャイナに対して、糸数町長とは正反対のポジションにいることがわかります。恐らく、糸数町長の発言を苦々しく思っているのでしょう。

相手にすること自体、少々憚られるのですが、東京新聞に望月衣塑子という、もっぱら反日左翼報道を商売道具にしている記者がいます。この記者が林芳正官房長官の記者会見（2024年5月28日）に出席し、質問にかこつけて糸数町長を非難しました。「押し付け憲法論を展開した」、「中国に対して好戦的な発言を繰り返している」という内容なのですが、こうしたことが、こうしたことを好む、いわゆる偏向したメディアに載って増幅されていくわけです。

そうした状況がなぜ起こるのか、また、そうした状況が起こること自体なぜおかしいのか、ということをまず一般国民にわかってもらわないと駄目だな、と思います。本当に危ないな、という気がしますね。

織田　玉城デニー氏のポジションについては、今回のエマニュエル駐日米国大使の件で明らかになったのではないでしょうか。北朝鮮の軍事偵察衛星の打ち上げ失敗（２０２４年5月27日）については、「県民に大きな不安を与えたことは非常に遺憾と言わざるをえない」といった発言で敏感に反応していました。ということは、つまり玉城デニー氏は、「中国に対してはものを言わない」ということなんです。彼の心の中は見えませんけれども、まさに「虚ろな」社会の風潮そのものです。国家観というものがありません。

●「国家観」が意識の中にない理由

織田　２００９年に英誌エコノミストが実施した調査によれば、世界33か国中で自国に対する誇りが最も高い国はオーストラリアで、最も低い国は日本という結果が出ている。

また２０１９年に日本財団が行った「18歳意識調査」でも、日本の若者は自国に対する誇りが他国と比べて低い。この調査は、日本、インド、インドネシア、韓国、ベトナム、中国、イギリス、アメリカ、ドイツの若者（17〜19歳）を対象にした調査であるが、日本の若者は自分を「責任ある社会の一員」と考える割合が約30〜40％で、他国の3分の1から半数近くにとどまっている。さらに、「将来の夢を持っている」あるいは「国に解決したい社会課題がある」との回答も他国に比べて30％近く低い。
ちょっと古くなりますが、筑波大学研究グループの２００２年に実施した調査結果によると、「自分の国に誇りを持っている」と答えた国民は、中国が92％、韓国が71％。それに対して日本は24％。産経新聞が報じた２００５年の日米中の高校生の意識調査でも、「自分の国に誇りを持っている」と答えた日本の高校生は51％いたものの、中国は79％、米国は71％だった。

西村　「世界価値観調査」という国際プロジェクトがあって、５年毎に各国国民の道徳的価値観や政治的価値観を調査して発表しています。直近の２０２０年に発表されたデータによると、「戦争が起きた場合、国のためにすすんで戦うか？」という質問に対する日本人の回答は、「はい」が13・２％で、「わからない」が38・１％でした。

「はい」と答えた人の少なさと、「わからない」と答えた人の多さにかけては調査対象57カ国中の世界一なのです。こうした傾向は、少なくとも21世紀に入ってからの数十年間、変わっていない、ということです。

織田　私は「公の喪失」と呼んでいます。

西村　「公（おおやけ）」という概念が失われている、ということですね。

織田　入隊してきた隊員にまず教えなければいけないのは「国家」でした。隊員の中には、周囲の誰かに誘われたから入隊しただけだ、という人もいるわけです。国家を守るために自衛隊に入隊するわけですが、そもそも国家というものを知らない。そういう隊員たちにどう教えるか、ということがある。まずは、国家の象徴である国旗から始めます。

西村　国旗掲揚ですね。それでまず覚えるんでしょうね。

織田　国旗掲揚の時には、どこにいても国旗の方向に向き直り、正対して敬意を表します。国旗が見えていれば、敬礼をする。毎朝、それを繰り返します。夕方の国旗降下の時も同じです。

私が高校生だった１９６０年代にはまだ、国旗は日章旗、国歌は君が代とする、という国旗及び国歌に関する法律、いわゆる「国旗国歌法」がなかった（１９９９年・平成11年8月13日公布）。１９６０年代から70年代というのは、日本から国旗、国歌を消してしまえ、という政治運動が非常に盛んだった時代です。国旗国歌法ができている今でもそれはあまり変わりません。そうした風潮の中で育ってくる若者は「国家」がスッポリ抜け落ちている者が多い。

私が米国空軍大学に留学した際、息子は4歳だったのですが、米国の幼稚園に入園させました。米国の幼稚園では、毎朝、国旗掲揚があり、その際、胸に手を当てて米国に忠誠を誓う言葉を朗読する。息子が最初に覚えた英語は米国への忠誠の言葉だったのです。日本との落差に驚いたことを記憶しています。

西村　日本は明治時代から、常識として国旗は日章旗、国歌は君が代であり、国旗国歌法などという法律など必要なかった。

織田　当たり前の話だったわけです。

西村　そういうところに、反日左翼は入ってくる。伝統や慣習の、成文化されていないという部分に付け込んできます。

織田　反日左翼が、そうした伝統を消し去るモーメンタムの役目を果たすわけです。勢いづけるんですね。国民というものは、放っておけばみな愛国心を持ち、国家というのを意識するのです。それを阻止することに一生懸命なのが反日左翼です。

●スポーツと国家観

西村　どうすればそういう状況を変えられるのか、と考えた時に、一時期、これは少しいい方向に行くかもしれない、と感じていた時期があったんですね。１９８０年代の後半から、私はスポーツ・ジャーナリストとしてＦ１グランプリの取材を随分やっていたのですが、サッカーの取材を始めた１９９３年、Ｊリーグが開幕した年の話です。

翌年にアメリカでのワールドカップを控えていて、アジア最終予選が行われていました。例のドーハの悲劇が起こったのはこの年なのですが、日本のチームがカタールに飛ぶ前に、送別試合を国立競技場で行ったんです。すると、国立競技場に集まった観客たちが、大きな声で君が代を歌い出したんですよ。私は、アッと思いました。これは何か変わるかな、という気がしたのです。

それ以来、特にサッカーの試合では、君が代を歌う観客が増えてきました。普通、一般人には、君が代を歌う機会はめったにありません。私でさえ、評論の仕事に携わって保守系の会合に顔を出すようになってから、これは必ずですが、会開催の最初に君が代を歌う機会があるくらいのものです。ところが、サッカー日本代表の試合を見に行く観客たちはみな、大きな声で君が代を高らかに歌い上げるわけです。

ドーハのアル・アリ競技場に行くと、スタンドには、日の丸の旗がいくつも掲げられていました。寄せ書きがいっぱいしてある日章旗で、大東亜戦争で出征兵士が持って行った日の丸と同じです。多少なりとも日本人の精神性は残されているのかな、継承されているものはやはりあるのかな、とその時にしみじみと考えたのです。

その後の30年を見ていると、確かにスポーツの分野では、日の丸、君が代がひとつのスタイルとして存在する、ということがわかります。ただし、それは試合を見ている時だけの話であって、日常にあるべき国家意識というものとはあまり関係はありませんね。

織田　本質的に、おそらく戦後の日本人の中には、守るべき「国家」という概念が喪われており、国家のために「戦う」という意識がなかったわけです。安全保障はワシントンに丸投げして、お金儲けに専念していればいい、ということになっていました。それが戦後日本の常態で、「戦い」という言葉自体が消滅していたのです。

サッカーなどは他国と戦うというわかりやすさがあって、そこに若者たちが目覚めた、ということでしょうね。そこにあるのは確かに「戦い」です。そして、そういうものを嫌がる勢力こそが反日左翼であり、日教組の教師たちです。

西村　２００２年、平成14年に、日韓ワールドカップが開催されました。象徴的なのですが、同年に、左翼文化人アイドル的存在として売出中だった香山リカなる芸名というかペンネームの精神科医が『ぷちナショナリズム症候群：若者たちのニッポン主義』（中央公論新社）という、当時の風潮を批判する本を出しています。ワールドカップや愛子内親王のご生誕に沸く様子を「愛国ごっこ」と呼んでいました。「ポップで軽やかな愛国心」などと説明してけなしていたわけですが、21世紀に入って、左翼は結局そういう方法でしか伝統を批判できなくなっていた、ということです。変なやつが出てきたな、と思って見ていましたけれども。

●「国家のため、人のため」を除去するメディア

織田　国家のため、公のため、他人（ひと）のため、という価値観を徹底して捨てさせ、「私」や「個」を最優先させる教育が、戦後数十年にわたって行われてきているわけです。「虚ろな」社会風潮はそうした教育によって培われてきました。自らの命を投げ出して人を救うという美談は、今ももちろん存在し続けているのですが、それがニュースになりません。あえて、人々の眼の前から消し去ろう、あるいは覆い隠そうとします。

１９９９年の11月、埼玉県狭山市で、「入間基地所属の自衛隊機墜落事故」と呼ばれている事故が起きました。ウィキペディアが結構よくまとめて説明しています。

「航空自衛隊のベテランパイロット2名がT－33Ａ（複座ジェット練習機）による年次飛行（デスクワークパイロットなどが年間に定められた飛行時間を確保し技量を維持するための訓練）からの入間基地への帰投中にエンジントラブルが発生した。墜落の直前まで2名は基地手前にある入間川沿いの住宅地や学校を避けるために操縦を続けた結果、脱出が遅れ共に殉職した」という事故です。殉職した自衛隊員は私もよく知っている優秀なパイロットでした。

エンジンがストップしてしまって入間基地への着陸には間に合わない。下を見たら住宅地が広がっており、なんとか機体を入間川の方向へ持って行った。機体を滑空させて、今ベイルアウト（ｂａｉｌ ｏｕｔ、脱出）すれば助かるというタイミングにあったけれども、パイロットはそうしませんでした。今脱出してしまえば、飛行機は住宅地に落ちる可能性が残っていたからです。

パイロットは、住宅地を避けて入間川河川敷に墜落すると判断できるぎりぎりのところまで機体を運んだのを確かめて脱出しました。しかし、無事に脱出するには、すでに高度が足りなかったのです。

当初、事故からしばらくの時が経っても、こうした経過は一切、報道されませんでした。

まず報道されたのは、航空自衛隊の練習機が墜落事故を起こし、東京電力の送電線を切断して首都圏の大規模停電を惹き起こした、ということです。約80万世帯が停電した、山手線が止まった、銀行ATMが障害を起こした、などというのはまだいい方で、停電によってペット卸売会社が保管していた熱帯魚が死滅した、というのをニュースにしているところもありました。私は一連の報道を目にして、本当に愕然としました。

西村　入間基地の自衛隊機墜落事故は、公民あるいは道徳の教科書に載せてしかるべき出来事でした。

織田　おっしゃる通りです。事故について正当に評価していただいたのは当時、事故現場近くの狭山ヶ丘高等学校の小川義男校長をはじめ、わずかな人たちだけでした。小川校長は、事故からわずか10日後に発刊された学校通信「藤棚」で、殉職した2名のパイロットの自己犠牲を讃える文章を発表しています。抜粋で失礼ですが、一部を紹介しておきます。

「この二人の高級将校は、何故死ななくてはならなかったのでしょうか。それは、彼らが十分な高度での脱出を、自ら選ばなかったからです。おそらく、もう百メートル上空で脱出装置を作動させていれば、彼らは確実に自らの命を救うことができたでしょう。47歳と

48歳と言いますから、家族にとり、かけがえもなく尊い父親あったでしょう。それなのに、何故彼らはあえて死を選んだのでしょうか」

「彼らは、助からないことを覚悟した上で、高圧線にぶつかるような超低空で河川敷に接近しました。そうして、他人に被害が及ばないことが確実になった段階で、万一の可能性に賭けて脱出装置を作動させたのです」

「他人の命と自分の命の二者選択を迫られた時、迷わず他人を選ぶ、この犠牲的精神の何と崇高なことでしょう」

「人間はすべてエゴイストであるというふうに、人間を矮小化、つまり実存以上に小さく、卑しいものに貶めようとする文化が今日専らです。しかし、そうではありません。人間は本来、気高く偉大なものなのです」

「母は我が子のために、父は家族のために命を投げ出して戦います。これが人間の本当の姿なのです。その愛の対象を家族から友人へ、友人から国家へと拡大していった人をわれわれは英雄と呼ぶのです」

当たり前のことを当たり前に語って教える。これが教育というものではないでしょうか。

小川校長は素晴らしい教師だと思います。

西村　岩手県の雫石で起きた全日空機と航空自衛隊戦闘機の衝突事故（1971年7月30日）も、メディア報道および最高裁での判決が大いに疑問視された出来事でした。最終階級を空将で1997年に航空自衛隊を退官された佐藤守さんが2012年に『自衛隊の「犯罪」─雫石事件の真相！』（青林堂）という本を書き、あらためて世に問うたことがあります。自衛隊機の教官と訓練生に出された最高裁の刑事裁判の判決（1983年）は業務上過失致死と航空法違反による執行猶予付きの禁固刑でしたが、佐藤さんは、関係内外の一次資料・二次資料の分析、元航空自衛隊パイロットという航空の専門家としての経験から、全日空機乗員の見張り義務違反と航路逸脱が事故原因である、つまり、これは冤罪事件だ、と主張しました。

　こうしたことが本当に象徴的です。雫石の衝突事故や入間の墜落事故について、日本のメディアは正当に報道しません。そして、ちゃんと報じられないところで、国民の受け止め方というものが成立してしまっているわけです。

織田　NHKが毎週日曜日の7時半から放送している『ダーウィンが来た』という動物ドキュメンタリー番組がありますが、あの番組を見ると、「どんな動物だって子供のためなら親は戦う」ということがわかります。当たり前の話です。NHKもああいう番組を流す一方で、ニュースの報道になると、何故か偏向してしまって正当な評価が隠されてしまうのです。

●人生目標などない、と思わせる社会風潮

織田　私は自衛隊を退職後、約8年間、東洋学園大学の客員教授を務めていました。その時、学生たちに「安全保障」と共に「リスクマネジメント」も教えていました。想定されるリスクを如何に回避あるいは低減するかという方法論です。

授業で私は、個人のリスクマネジメント計画を作成せよ、という課題を出したことがありました。個人のリスクマネジメント計画を作成するにあたっては、手順としてまず、自分は将来何がやりたいのか、つまり人生目標は何かを書き出すことから始めなければなりません。ところが驚くことに、これが書けない学生がかなりの数いたのです。

目標を立て、その目標を達成しようとする時に初めてリスクは生じます。それにどう対応するかがリスクマネジメントです。人生目標をいざ書き出そうとしたら、学生たちが青

い顔をして、書けない、書けない、と言ってくるのです。これには驚きましたね。

多くの若い人たちが、自分は何をしたいのか、人生の目標は何かということを言えない。自分の夢さえ持てない。これは自分と社会、あるいは国家との関係が切れてしまっている。社会や国家なくして個人はあり得ないし、自分の夢も持ちえない。だから自分はどうやって社会や国家に貢献して自己実現を図るかということに思いが浮かばない。これは、究極のところ「公」という概念が喪失してしまっている結果だ、と私は思うのです。

人間には本能的に3つの願望があるといわれています。1つ目は「善い人間になりたい」、2つ目は「善い仕事をしたい」、3つ目は「人々を幸福にしたい」、という願望です。つまり、人間は本能的に社会貢献願望を持っている、ということです。

しかし今の日本の社会は、人のために尽くす、国家のために尽くす、ということを善として教えない。これを一言で表現する美しい言葉、「公に尽くす」という言葉を無理やり喪失させられている。若い人たちは、「公に尽くす」という本能的な願望を無意識に抑圧されているのです。はっきりとは自覚していないだけで、これをやりたいと本能では思っているのですが、その思いを左翼教育によって抑圧させられている。ある意味、精神的虐待を受けていると言っていい。

西村　興味深いですね。織田さんは若い人たちのそうしたあり方を、どんなところに感じとったのですか。

織田　災害派遣に向かう若い自衛官たちを見ればわかります。実に生き生きとし、目が輝いている。

西村　目的が、まさにすぐ目の前にあるからですね。

織田　例えば、目の前に救うべきお婆さんがいるわけです。困っているお婆さんをおんぶして避難させる、困っている人たちを救う、というのは、人間の本質的かつ本能的な喜びなんです。

西村　上官あるいは指揮官から見ると、そういう隊員の変化というのはすぐにわかるものですか。

織田　すぐにわかります。目の色を見たら、もう、生き生きとしている。普段は死んだような目をしているのに、というのは言いすぎかもしれませんけれどもね。隊員たちは是非行かせてくれ、とこぞって希望します。

西村　織田さんはイラク派遣（２００３～２００９年）の時に、派遣航空部隊指揮官を２年８か月、務めてらっしゃいましたね。

織田　各基地で隊員に派遣希望者を募るのですが、いつも希望者殺到でした。これは、とりもなおさず、自分の本能の中にある社会貢献願望の発露なのです。普段は、その願望が、日教組教育によって発露しないように押し殺されている。いわば精神的虐待を受けていると言っていいのです。

西村　三島由紀夫が昭和41年（1966年）にNHKの「宗教の時間」という番組のインタビューに答えている映像が残っているのですが、三島はこんなことを言っています。「人間の生命というのは不思議なもので、自分のためだけに生きて自分のためだけに死ぬというほど人間は強くない」という文学者らしい表現に続いて、「人間は理想なり何かのためということを考えているので、生きるのも自分のためだけに生きることにはすぐ飽きてしまう。すると、死ぬのも何かのためということがかならず出てくる。それが昔言われた〝大義〟というものです。そして、大義のために死ぬということが、人間のもっとも華々しい、あるいは英雄的な、あるいは立派な死に方と考えられていた」。

　要するに、他者、公のために人間は生きるのだ、ということを三島由紀夫ははっきりと言っていました。

織田　今の多くの若者達は、それを押し殺すように育てられています。個人と国家、社会との関係が断ち切られている。するとどうなるかというと、フリーターとかニートといった状況になる。有名大学を出ても自らの人生を選択することができない、茫然自失している。そういう若者たちを「たたずみ君」と呼ぶそうです。「虚ろな」社会風潮の申し子といっていい。

国家のため、人のため、社会のためということが根底にあれば、どんな仕事でも受け入れることができるわけです。にもかかわらず、吉田ドクトリン（第45、48〜51代内閣総理大臣・吉田茂が打ち出した戦後日本の外交基本原則）そのままに、安全保障をワシントンに丸投げして、金儲けにのみ専念した結果、これが日本の真善美になってしまっている。社会全体が基軸を失っているから、「たたずみ君」などといった人たちが出てくる。

結果として、何のために生きているのかわからなくなる。「公」というものを失えば何のために生きているのかわからない、というのはまさに三島由紀夫が言っていることと同じことです。人間は金儲けだけでは生きていけないのです。

西村　織田さんと私は昭和27年（1952年）生まれの同学年です。高校を卒業した昭和45年（1970年）に私が大学浪人で織田さんは防衛大学の1年生でした。その年の11月25日に三島由紀夫が当時市ヶ谷にあった陸上自衛隊東部方面総監部で森田必勝さんと割腹自決をしました。非常に衝撃的な事件で日本だけでなく世界中に衝撃を与えたのは、三島由紀夫がノーベル賞候補の世界的な作家だったからです。

私も大きな衝撃を受けました。高校時代から彼の小説だけでなく、文芸批評や文化論、政治状況論などあらゆる評論を読んでいたので、本当に茫然自失という感じでした。彼の自決後、昭和43年、高校2年の時に「中央公論」に載った「文化防衛論」読み返して、意味がよく解った気がしたんです。あの事件以来、それまでの自分の拙い知識を総点検したんですよ。

つまり、それは日常的な学校教育では絶対に教わらなかったものへの好奇心を開いてくれたということです。何しろ、例えば小学校1年の時から「天皇」とは何であるか、なんて誰も教えてくれなかった。そんなとんでもない情報環境に中に置かれていたことに気づきました。

僕など18歳のただの大学浪人でしたが、織田さんは士官学校である防衛大学の1年生でした。あの事件、どんなふうに感じたのでしょうか。

織田 私も三島文学のファンでしたので衝撃を受けました。高校時代、彼の著作はほとんど読んでおり、こんなにきらびやかな文章が書けるのだと。特に『金閣寺』とか『潮騒』

などは、文章の美しさに感動していました。ただ、最後の小説である『豊饒の海』は、『春の海』あたりは良かったのですが、最後の『天人五衰』になると、文章の乱れというか、ちょっと三島らしくないなと思っていた矢先でしたので、事件を聞いた時、咄嗟に何か関係あるのかなと思ったのを覚えています。

当時は、防大1年生で、事件後すぐに全員集められ、猪木正道校長から「三島の行動は愚行である。軽挙妄動することのないよう」といった話を聞かされたのを覚えております。あの頃は、三島の決起文を読んでも、ピンと来なかったというのが正直なところです。「自らを否定する憲法を何故順守するのか！」といったくだりを実感できたのは、幹部になってからですね。ほとんどの防大生も動揺はなかったように思います。そういう意味では西村さんのように彼の思想を深く理解して衝撃を受けたというよりも、ただ「切腹と介錯」に驚いたということでしょう。私も18歳で、まだまだ思索が表層的でノンポリ的だったのです（笑）。これも日教組教育のせいでしょう。

一つエピソードがあります。築地本願寺だったと思いますが、三島の葬式に行きました。休日外出の時に興味本位で行ったのですが、焼香の行列に並んでいる私の姿が、たまたま週刊誌「平凡パンチ」に大写しに載ってしまいました。私服ですので防大生ということは誰もわからないのですが、防大側は写真を目ざとく見つけて、事情聴取されたのを覚えています。正直いうと、美人の女子大生が並んでいたので、声をかけるのが目的で並んだのですが。動機不純です（笑）。

西村 驚きました。僕も築地本願寺に行き葬儀に参列したんですよ。昭和46年1月だったので、織田さんと53年前にすれ違っていたんですね。当時僕は三島さんの事件以降、受験勉強が全く手につかず、12月の追悼集会にも行き、葬儀の後は紀伊国屋ホールで三島が演出する予定だったオスカー・ワイルドの「サロメ」が追悼公演になり、見に行きました。結局、二浪するはめになった（笑）。

●「公」の復活について

西村 ユルゲン・ハーバーマス（1929年〜）というドイツの哲学者が、新しい社会構造の切り口として盛んに「公共圏（public sphere）」という言葉を使い、20世紀末から21世紀初頭のアメリカでポリティカル・コレクトネス生成を熱心に行なっていた左翼運動家達の間で、彼らの論理的根拠としてたいへんもてはやされたことがあります。

公共圏は「新しい公共」という言い方もされていて、私は、当時、もしかしたらこの言葉は使えるな、と考えました。国家に奉仕する、ということをこの際、「新しい公共」と呼んでしまって、今までそういったことを全く教えられていなかった人たちにはそういう言葉で理解してもらうのはどうか、と考えたのです。

織田　ダイレクトには言えない、という風潮がありますからね。国家のため、と言うと反発を受ける。左翼が敏感に反応する。だから国家のために尽くす自衛官という存在は嫌われるわけです。

西村　私が中学生か高校生に上がったくらいの時だったと思いますが、テレビを見ていた母親がポツンと言った言葉をよく覚えています。スポーツ選手だったと思いますが、インタビューを受けていて、何のために今の仕事をやっているのか、という質問にいろいろと答えていました。すると母親が、「国のため、とは決して言わないのよね」と言って怒っているのです。

国のため、という言葉は、私の母親のような戦中派の人たちからはちゃんと出るわけです。戦中派に育てられた我々の世代だと、まだ少しは何か受け継いだものがあるんです。

織田　ありますね。私もお袋から「お国のため」という言葉をよく聞きました。「お国のため」という言葉は今、死語になっています。口にしようものなら袋叩きに遭うくらいの言葉です。

西村　ならばこれからは、お国のため、という言葉をばりばり使っていこう。（笑）

織田　防大（防衛大学校）に入って、私はパイロットコースに進路を決めたのですが、さぞやお袋は心配しているだろうなと心配したことがあります。夏休みに帰省した時、それとなくお袋に話しました。するとお袋は、「あなたはもうお国のために捧げたんだから心配なんかしない。お国のために一生懸命頑張りなさい」と。

　こういう会話は今の親子には絶対にないでしょうね。母親なんだから、絶対に心配であるはずなんです。殉職することもあるかもしれない。心配でないはずがない。それを顔には出さず、お国に命を捧げた身なんだから頑張りなさい、と言えるのはやはり戦中派の大正人だからですよ。

西村　航空自衛隊でも、若い世代のパイロットであれば、母親に反対されている隊員などはいらっしゃるんでしょうか。

織田　もちろん、いました。父親が航空自衛隊の戦闘機パイロットで殉職している自衛官でした。父親の葬式の時には、彼はまだよちよち歩きの子供でした。

彼は、パイロットになりたいと言いましたが、大反対したのは母親です。飛行教育課程にあった時、彼も悩んでいました。私のもとへ母親から、パイロットの道を諦めるよう説得してもらいたいとも言われました。結果的には、操縦課程を続け、優秀な戦闘機パイロットになりました。お母さんも最後にはあきらめ、「カエルの子はカエルなんですね」と言われたことを覚えています。

こうしたことはやはり世代の相違ということなのでしょう。いずれにしても子供は可愛いものです。それをあえて「お国のために」と言えるか言えないかというところに昭和世代と大正世代の違いがあるようです。特に日教組教育で育てられた世代においては、左翼的な動きがますます加速されていますから、「お国のために」という言葉は死語になっています。今や「国家」や「公」といった概念自体が消滅してしまっているようです。

●戦後学校教育の醜さ

西村　私が通っていた中学校は、国分寺第三中学校という普通の公立中学でした。社会科の教師が、授業中に、自衛隊は何をする組織か、という話を始めたことがありました。そして、「富士の裾野で戦争ごっこ」と言ったのです。国分寺には自衛隊の官舎がありますから、クラスには自衛官の子供たちもいるのです。ひどいことを言うものだな、と思って聞いていました。そういう教師が実際にいるわけです。

織田　今風に言えば、それは人権侵害ですよ。何かと言えば左翼は、批判の根拠に人権を持ち出しながら、そのくせ、自分たちは平気で人権を侵害する。返還後の沖縄に最初に自衛官が赴任した時なんかは左翼が運動を起こして住民登録を受理させなかった。すると自衛官の子供は地元の学校に入れないわけです。ひどいものだと思いますが、自衛官に対しては、そういった人権侵害を平気でやる。特に沖縄ではいろいろありました。

私も、防大に進学を決めた時、高校の教師が内申書を書いてくれないという目に遭ったことがあります。日教組の教師ばかりでしたからね。ただ一人、海軍の予科練を経験した社会科の先生がいて、俺が書いてやる、ということになりました。

その先生は、推薦状も書いてくれました。見てもいいよ、というので読んでみると、推薦状には、「新国軍の将たるにふさわしい人物」と書いてありました。先生は、憲法が改正されて自衛隊が軍隊になることを当然のように思っていたわけです。結局、在任中に憲法が改正されることはありませんでしたけれども。

西村　それは我々の世代の責任として考えるべきでしょうね。織田さんの話を伺っていて思うのは、我々の世代の小中学校の教師の中にはやはり戦中派の人もいて、伝わるものは多少なりともちゃんとあった、ということです。

私の中学校の教頭は戦艦大和の生き残りでした。赴任してきた時に、それが噂になって広がって、あの戦艦大和に乗ってたんだってよ、などといった具合に、戦後の中学生の間で戦前戦中の話ができる状況がありました。海軍経理学校出身の英語の教師といった人もいましたね。ところがもう、昭和も50年代になれば、そういう人は全くいなくなってしまった。

織田　日教組に対しては多勢に無勢だったのです。だから、1999年、平成11年に、広島の県立世羅高校で石川敏浩当時校長が卒業式前日に自殺するという出来事なども起きました。石川校長は、卒業式での国旗掲揚、君が代斉唱について、世羅高校の日教組教職員と揉めていました。多勢に無勢の相克の中で自殺されたわけです。

敗戦のトラウマというものは確かにありました。それでもやはり本質をわかっている人達も大勢いたと思うのです。しかしながら日教組の勢いに負け「サイレント・マジョリティ」に留まっていたのでしょう。

西村　私はつくづく思うのですが、我々の親の世代、大正生まれの世代の遺産でとりあえずどうにかもっている、というのが今の日本の状況ではないでしょうか。この遺産が食い尽くされたら、トインビーの言葉ではありませんが、まったくの「虚ろな」ものだけになってしまうわけです。

小学校5年の時の担任教師が、お前ら今日は何の日か知っているか、と言い出すわけです。12月8日です。大東亜戦争が始まった日だよ、今はそうは呼ばないけどな、と教えてくれる。そういったことをぽつんとでも言ってくれる教師がいたんですね。

●順位をつけない、という偽善

西村　運動会で順位をつけないという風潮は、１９９６年6月にＮＨＫが放送した『クローズアップ現代「競争のない運動会～順位をつけない教育改革の波紋～」』というドキュメンタリー番組で文字通りクローズアップされたもののようです。その後、いわゆる極端な平等主義、逆差別といった論点で国会でも議論になって、こうした風潮は終息したように聞いていたのですが、今また、こういう風潮が復活してきているようなんですね。徒競走は男女混合で順位をつけない、というのが普通だそうです。

織田　こういうことは本当に、ゾンビが生き返るように繰り返されるんですね。都合が悪くなったら冬ごもりするように隠れて、都合がよくなってきたら穴から出てくる。

西村　象徴的なものとして、去年の自分に勝つ、とか、フレーフレー自分、などといったスローガンが掲げられるようです。そして、赤白といった見分けはつけません。

こういうことはやはり、日本人の自己肯定感の問題につながっていると思いますね。フランスにイプソスという世論調査会社があって、２０２４年6月、世界30カ国を対象に行なった、「あなたは自分が幸せだと思うか？」という調査の結果を発表しました。「自分は幸せ」と感じている日本人の割合は57％で、30カ国中、３番目に低い数字でした。しかも、前回２０１１年の調査の70％から大きく減少しています。

織田　運動会の件について、私は以前、これは子供に対する虐待だ、と書いたことがあります。リレーに限らず、何でも1位を獲る子供がいればビリの子供もいます。中には脱落して挫折する子供もいます。挫折というのは、とても貴重な人生経験です。

厳しい社会に出た時、耐えれる免疫や耐性を作っておくというのが学校の役目の一つでもあります。なあなあでお手々つないでゴールインのように育ち、挫折も知らず「無菌室」で育った子供が、免疫性を持たないまま社会に放り出され、厳しい現実に出くわして、結局そこで挫折してすさまじいショックを受ける。こういう悲劇が起こる、つまり、学校というものが教育機関の役割を果たしていない。それはある意味、子供に対する虐待だということです。

西村　今、教師のなり手がいないのだそうです。資格があって希望すれば就いてしまえるほどの競争率だそうです。さらには、雑多な事務仕事で忙しい。教師の質の問題に関係します。

織田　教師という職業が聖職ではなくなり、労働者に成り下がったということでしょう。聖職であれば、働き方改革などというものは二の次です。子供を教育するのは国家のため、社会のためという「公」の意識がないから、聖職であるべき教師が単なる労働者に成り下がる。労働者として生活費を稼げればいい、というふうに教師という職業を矮小化してしまっている。

西村　昔は、貧しくて修学旅行に行けないといった子供も必ずクラスに何人かいて、教師がお金を立て替えて参加させる、ということもありました。私の妻の母親が教師だったのですが、そういう経験もしたようです。

織田　岐阜に麗澤瑞浪《れいたくみずなみ》という中高一貫校があります。東京ドーム60個分という日本一広いキャンパスで知られている学校で、ゴルフ場が3コース27ホール隣接しており、授業やクラブ活動でも利用するそうです。２０２３年の日本女子プロゴルフ選手権のチャンピオン、神谷そら選手の出身校です。もともとは全寮制でしたが、今は半数が通っているそうです。

私が凄いなと思ったのは、先生が寮の１階、あるいは隣に住んでいて、24時間付きっきりで生徒の面倒をみている。今風の「働き方改革」にも配慮しつつ、自分の生活そのものを生徒の教育に没入させている。今の学校でここまでできるところはなかなかないですよ。

卒業した人が言っていましたが、寮生活において困ったことがあった場合は、先生がすぐに対応してくれるのだそうです。24時間、面倒を見てくれたことに心から感謝している。自分の人生の基礎はあそこで培われたと言っていました。こういう先生は、他にはまずいません。クラブ活動でさえ余計な仕事だと考えられているのが、今の中学高校です。

●「公」が登場しないマスメディア

織田　「公」に尽くすということ自体、まずテレビやマスコミは取り上げません。ＮＨＫ

などは、ここ10年ほどでそれがさらに加速しているようです。

２０１１年、平成23年3月11日に東日本大震災が発生しました。一連のテレビニュースを観ていて、一般の人は気が付かないけれど、我々のような自衛隊員や関係者なら如実にわかることがあります。地上の災害対応には公的機関として、警察、消防、自衛隊が出動します。災害派遣ということで自衛隊は迷彩服を着て出動していますが、この迷彩服が見事にテレビ画面に映らないのです。自衛隊は映さないという絶妙（？）のカメラワークのなせる技なのか編集技術なのかわかりませんが、警察や消防の姿はあっても、自衛隊の姿がないわけです。これに気が付くのは、自衛官だけです。

ただし、こうした状況が大きく変わった出来事がありました。今の上皇陛下が震災から5日後の3月26日、ビデオでおことばを発せられました。

西村　宮内庁ホームページに掲載されているおことばから抜粋させていただきますが、陛下は、「自衛隊、警察、消防、海上保安庁を始めとする国や地方自治体の人々、諸外国から救援のために来日した人々、国内の様々な救援組織に属する人々が、余震の続く危険な状況の中で、日夜救援活動を進めている努力に感謝し、その労を深くねぎらいたく思います」と、現場の人達をねぎらわれた。「自衛隊」の名を最初に挙げられています。

織田　そのことがあって、ＮＨＫもテレビニュースで渋々、自衛隊の姿を映し始めたのでしょう。民放も自衛隊をワイドニュースなどで取り上げるようになりました。国民の関心もあって視聴率が取れることがわかった。すると自衛隊や迷彩服がテレビに続々と登場するようになった。それがまた、ここ最近になって、自衛隊はできるだけ映さないようにと、先祖返りしていうようです。懲りない奴らだな、と思って見ていますけれどもね。

西村　２０２４年、令和６年の正月に能登半島地震が発生しました。テレビ局によって違いますが、確かに、自衛隊員の姿はあまり映らなかったように思います。厳しい山中を走破して被災地に向かう部隊のレポートといったものもあるにはありましたけれども。

織田　現役の時には、私は実に腹立たしく思っていたものです。こんなことがありました。小松基地司令として赴任していた時のことです。冬の立山で遭難がありました。滑落して骨折し、動けない登山者がいる、というんですね。消防ヘリは、そのような冬山の高地には行けない。警察ヘリも同じくその能力がない。こういう事案は、最終的には自衛隊のところに要請が来ます。

非常呼集された隊員に「行けるか」と聞くと、「とりあえず行ってみましょう」ということになりました。冬の立山の荒天候がわずか何分か晴れた時に遭難者を見つけました。

メディック（救難員）をロープで下ろした直後、気象が急変し、再び猛吹雪になり救難ヘリも現場に留まることができなくなり、ヘリだけ帰投を余儀なくされました。その後、天候はいつまでたっても回復しません。二次災害の可能性がありますから、行かせた身としては気が気ではありません。救難ヘリも飛べないまま、一昼夜が過ぎたところで、当のメディックから電話がありました。彼は骨折した遭難者を背におぶって一昼夜をかけて雪中を歩いて下山したというのです。すごい隊員、すごい若者がいる、と思いましたね。

こういう美談はなかなか報道されません。マスコミにとって「不都合な真実」なのでしょう。今でこそ、軍事評論家の井上和彦さんがメディックのドキュメンタリーを作ってくれたりなどしていますが、これまでは自衛隊に関する報道は、不祥事を除きほとんどありませんでした。

メディックは、空自の救難員の呼称です。彼らは世界最強の救難員だと思っています。約１００人しかいませんので私は「１００人のスーパーマン」と呼んでいます。人数が少ないのは、予算のせいもありますが、訓練が厳しいということもあります。メディックに課せられる訓練は陸海空を通して最も厳しいと思います。人を地獄のような苦難から救う任務ですから、生きるか死ぬかの厳しい訓練です。最近、訓練中に１名、殉職しています。

特別給料が高いわけでもありません。しかし、メディックは、人を救うことに喜びと生きがいを感じ、人を救うことに誇りを持つ人たちなのです。

２００４年に『海猿』という映画が話題になりました。海上保安庁の救難潜水士のことを一般的にそう読んでいるわけですが、メディックも、もちろん海猿をやりますし、それだけじゃなく山岳救助もやる。どんな状況下でも人を救える技術と体力、そして気力を持ったオールラウンドな救難員なのです。

私は35年間、操縦者として人生を送りましたが、いつ、どこで遭難しても、メディックは必ず助けてくれるという絶対的な信頼感を持っていました。他の操縦者もそうだと思います。

1年間の厳しい訓練を経てメディックとなるのですが、その希望者のほとんどは年齢は若いけれどもベテランの自衛官から選ばれます。50名ほどの希望者を先ずは体力で削ぎ落として5、6名にしぼり、訓練を始めるわけですが、一人欠け二人欠けと脱落者がでてくる。その厳しい訓練の様子を記録したドキュメントを井上さんは制作してくれました。訓練がいくら厳しく、任務がいくら過酷でも希望者は数多く、後を絶ちません。

私は、これが人間の本能、人間の本来の姿なのだと思います。自分の命を危険にさらしても人を助ける。そこには人を助ける喜びがあり、そこに大いなる幸せを感じているわけです。そういう人は、人を救助しても決して自慢したりしません。あれは俺がやった、などとは決して言いません。心の底から満足しているから、自慢する必要もないのだと思います。

夜、飲み屋に行くと、カウンターの片隅で静かに一人グラスを傾けている若者がいました。誰かと思ったら、独身のメディックでした。嵐のなかで遭難した人を救助した後なのだけれど、静かに飲んでいる。別に褒めてもらわなくていい。そこにあるのは、人の命を助けたという喜びと誇りと生きがいなのです。私が「100人のスーパーマン」と呼ぶ所以です。日本には未だ「サムライ」が残っています。

メディックを目指し、訓練に耐え、実際その職に携わっている若者がいるということは、まだまだ日本は捨てたものではない。そこに焦点を当てて国民に伝え、人の命を助けることがどれだけ幸せなことか、ということをすべての人が理解できる社会、そしてそういう人をリスペクトできる社会にならなければいけないと思います。

西村　2018年に公開された、クリント・イーストウッド監督の『15時17分、パリ行き』という映画があります。これは2015年8月に発生した「タリス銃乱射事件」と呼ばれているテロリズムを元にした映画です。

タリスというのはアムステルダム発パリ行きの高速鉄道の名前です。その車内でイスラム過激派のモロッコ国籍の男が銃乱射事件を起こしました。それを、列車に乗り合わせていたアメリカ軍人2名と、アメリカ人大学生、フランス在住イギリス人ビジネスマンの男性が取り押さえ、死者は出ずに済みました。

クリント・イーストウッドはそれをすかさず映画にしました。2名のアメリカ軍人役と大学生役を、事件当事者の本人が演じているところが味噌です。

織田　アメリカというのは、そういうことが受け入れられるし、また、そういう作品が受ける社会だということですね。とはいえ、日本でも受けると思いますけれどもね。

西村　でも、日本ではやりません。

織田　自衛隊の不祥事は伝えても、美談というのはなかなか報道しませんからね。

西村　沖縄では米軍も人命救助を行なっていますが、沖縄のメディアをはじめ、絶対に報道されません。

●「公」と「自己実現」と戦後の情報環境

織田　戦後教育は、個人の自己実現の価値観は教えましたが、公に尽くすことの価値観は教えてきませんでした。公に尽くすということ自体が自己実現そのものであるというのは、人間の普遍の真理であると思うのですが。

たとえば新約聖書のヨハネによる福音書には、「友のために自分の命を捨てること、これ以上に大きな愛はない」と書いてあります。ローマ帝国の歴史家キケロ（紀元前106～43年）は著書『国家について』の中で、「あらゆる人間愛の中でも、最も重要で最も大きな喜びを与えてくれるのは祖国に対する愛である」と書いています。

これらは本当にその通りなのですが、あえて隠して表に出さないようにしてきたのが戦後の教育でありメディアです。当たり前のことを当たり前に言えば、ただちに右翼のレッテルを貼って忌避するのが戦後の風潮でした。最近ますますその傾向が強くなっているように思います。これは日本の「宿痾《しゅくあ》」とも言えるでしょう。

西村　そういう病気になぜなってしまったのか、ということが問題なわけです。

織田　情報を閉ざしているから、そこもわからない。

西村　メディアはすべてを伝えない。せいぜい半分しか伝えません。

織田　たとえば自衛隊のあり方を知ることで掴むことのできる真実は、学校教育とメディアにとっては「不都合な真実」なのです。メディアにとって、自衛隊が活躍するのは不都合なのでしょう。

西村　逆に、自衛隊が関係する事故が起きた時には、イメージを悪化させるための針小棒大な報道を行うということが起こるわけです。

織田　5月27日は、言わずとしれた、日本海海戦の日です。戦前は、海軍記念日に制定されていました。1905年、明治38年の5月27日、日露戦争の日本海海戦において東郷平八郎（1848～1934年）が率いる日本海軍連合艦隊が、ロシアのバルチック艦隊を撃滅しました。一般的な史学的評価は、「日本の歴史的な大勝利」です。

　インドの初代大統領ネルー（1889～1964年）は自伝の中で、自分の子供に「日本は勝ち、大国の列に加わる望みを遂げた。アジアの一国である日本の勝利は、アジア全ての国々に大きな影響を与えた。私は少年時代、どんなに感激したかをおまえによく話したものだ」と語っています。中国の革命家・孫文（1866～1925年）は、「アジア人の欧州人に対する最初の勝利であった。日本の勝利は全アジアに影響を及ぼし、アジアの民族は極めて大きな希望を抱くに至った」という言葉を残しました。5月27日とは、そういう日です。

これをまったくメディアは取り上げません。諸外国の常識では考えられません。驚きますし、本当におかしいと思いますね。

西村 海上自衛隊においては毎年5月27日、対馬沖で慰霊祭を行なっています。対馬住民も委員会を組んで西泊の殿崎公園で慰霊祭を行います。

織田 そういったことがまったくニュースになりません。ですから、今の日本国民は、5月27日の意義を知らずにいます。隠されているとも言えます。

西村 同様のことで言えば、海上自衛隊の練習艦隊は毎年世界1周の遠洋航海を行いますが、これもニュースになったことがありません。

２０１４年の練習艦隊遠洋航海の際には、ソロモン諸島のガタルカナル島に寄港して、戦没者の遺骨を持ち帰ったことがありますが、これも産経新聞など一部のメディアを除いて報道されませんでした。安倍晋三当時首相が「国の責務」として推進する政府事業としての遺骨収集事業に海上自衛隊が参画する初めてのケースだったにもかかわらずです。

織田 情報を閉ざす。その意図するところは、個人あるいは私本位の価値観というものを絶対的に重視して、根本にある国家を支える人間一人一人の働き、公に尽くそうとする意思をないがしろにする、ということだと思います。その結果が、「虚ろな」社会風潮である、という結論にならざるをえないと思います。

第二章

歴史を削除する

歴史というものには必ず光と影の両面がある。

歴史は、見る角度によって水滴に見えたり、虹に見えたり、雲に見えたりする、
まさに「水蒸気」のようなものだ。

しかしながら、自国の歴史をわざわざ他国の視点で書く必要はない。

日本の先人たちが活躍した歴史を抹消しようとする力が今、日本の社会の中で働いている。

GHQが敷いた占領統治の情報統制政策が未だに利用されているのだ。（織田邦男）

●民族の抹殺と民族の記憶

織田　前章で触れたイギリスの歴史家、トインビーが主張したとされている言葉で有名なものに、「ある国を衰亡させるには、その国の先人達が気概を示した歴史を教えなければいい」、そしてもうひとつ、「12、13歳頃までに民族の神話を教えられていない民族は、例外なしに滅んでいる」があります。トインビーが文面通りにそう言ったかどうかはともかく、まったくその通りだと思うんですね。

日本の先人たちが活躍した歴史を抹消しようとする力が今、日本の社会の中で働いています。終戦まもなくダグラス・マッカーサー率いるＧＨＱ（連合国最高司令官総司令部）が敷いた占領統治の情報統制政策はまさにそれを目的としていましたし、それを引き継ぎ、利用するかたちで、韓国や中国が戦後全期間にわたって歴史認識に関する圧力をかけ続け、現在に至っています。

これは『正論』（産業経済新聞社）でも紹介したことのあるエピソードなのですが、1983年、アメリカ空軍大学に留学している時の話です。同僚にイギリス空軍将校がいて、ある晩、ともに酒を酌み交わしている時に、私が、「君の国の義務教育ではアヘン戦争

（1840〜1842年。イギリス対中国・清朝の戦争。通説ではイギリスの侵略戦争とされている）をどのように教えているのか」と質問したんですね。

それまでニコニコしていたイギリス空軍将校は、急にきりりとした顔になって、「義務教育では教えていない」と言い、逆に私にこう尋ねたのです。「なぜ義務教育でアヘン戦争を教える必要があるのか」。

ちょっと虚を突かれた感じになって、私が言葉を失っていると、イギリス空軍将校はこう言うのです。「学校の歴史教育は、子供たちに対して先人が示した気概を教え、国家との一体感を育み、国家のために頑張ろうというやる気を起こさせるための教育である。アヘン戦争は大英帝国の栄光の歴史の中で、歴史教育の題材としてふさわしくない。だから、義務教育では教えない」。ジョン・ブル（John Bull）魂とよく言いますが、英国魂、つまりイギリス人の誇り高さの秘密はここにあるんだな、と私は思いました。

チェコスロバキアで共産党一党独裁に抵抗し続け、その後フランスで活動を続けたミラン・クンデラ（1929〜2023年）という作家がいますが、彼もまた、「民族を抹殺するのに一番良い方法は、その民族の記憶を失わせることである」と言っています。

西村　5月27日が日本の海軍記念日である、などとは、今、日本人のほとんど誰も言いません。

織田　先に触れたように、世界中の人が知っている日本海海戦を日本人が知らない、知っている人がいなくなる。恐ろしいことです。まさにミラン・クンデラの言う「民族の記憶を失わせること」が着々と遂行されているわけですね。

西村　２００５年は日露戦争勝利１００周年の年でした。外交評論家の加瀬英明さん（１９３６〜２０２２年）が早稲田大学の学生を集めて、今はなき赤坂プリンスホテルで記念の式典パーティを開かれ、私も出席しました。その時に初めてわかったのですが、終戦後、日清戦争・日露戦争の戦勝記念日を祝う催しは官民含めて一回も行われていないのです。

織田　日本は１９４５年の時点から、巧妙に仕組まれた罠にかかりっぱなしなのですが、罠にかかっていることの自覚がないことが一番の問題だと思います。

●自国の歴史を知らない世代

織田　私は防大を受験して合格したわけですが、一応士官学校ですから、理系であっても、日本史は必須の受験科目でした。当時、受験科目数でいうと、防大は一番、受験科目数が多い学校ではなかったかと思います。理系なのに日本史は必須で、しかももう一つ社会科目を選択しろという。そこで私は世界史を選択しました。

その後、大学はどんどん受験科目数を減らす傾向になって、たとえば早稲田大学の文系は3科目受験などというふうになってくると、防大などは、科目数が多いため受験者数そのものが減ってくるわけです。

そこで、やはり防大も受験科目数を減らすことになりました。今、防大の一般受験科目は、小論文が別にありますが、国語、数学、英語、それに日本史か世界史が選択になっています。

2024年の春に惜しくも亡くなられた、第8代防大学長を務められた五百旗頭眞《いおきべまこと》さんに、私は、「世界中の士官学校で、自国の歴史を学ばずに入学できるのは我が防大だけです」と、言ったことがあります。五百旗頭さんは、ハッとしておられた。

私は航空支援集団司令官を務めましたが、約7000人の部下を持ちました。日本史を知らないことにかけては日本海海戦を知らないどころの騒ぎではない者がかなりの人数、部下としているわけです。

たとえば、『大空のサムライ』という著書で有名な、海軍のエースパイロットだった坂井三郎さん（１９１６〜２０００年）は、電車で隣り合わせた学生たちの次のような会話を小耳にはさんで、たいへんなショックを受けたことがあるそうです。

「日本って、アメリカと戦争したんだってよ」
「マジかよ。で、どっちが勝ったの？」

笑い話によく使われるエピソードなのですが、戦中派にとって、これほどショックなことはないでしょう。

西村　石原慎太郎さん（１９３２〜２０２２年）もその話をされていましたね。坂井三郎さんとは旧知の間柄で、このエピソードが本当かどうか、直接電話で確かめたそうです。電車は中央線で、坂井さんはいたたまれなくなって電車を降り、ホームの片隅で立て続けに煙草を２本吸ったとか。

そのエピソードは１９８５年頃の話で、当時すでにそういう状況ですから、今の20代、Z世代（Generation Z)、一般的には１９９０年代後半から２０００年代に生まれた世代を指す）と呼ばれている世代の若者達はなおさらでしょうね。

織田　「我々は常に、自らの内にある『虚ろな』ものによって亡ぶ」というのは、本当にそうだろうな、と思います。

現役の司令官だった時には、最低限、自衛隊に入ってくる人たちについてはとにかく善い日本人に育てなければいけない、優れたソルジャーに育てなければいけない、そればかりを考えていました。自らの内に「虚ろな」ものがあって、どうして「事に臨んでは危険を顧みず」行動できるのか、という問題意識です。

そこで、隊員達には、先ずは日本の近代史に興味を持ってもらおうと、司馬遼太郎の『坂の上の雲』を全員に読ませるようにしました。

●歴史と自己肯定感の関係

西村　先日、教科書問題の研究を行なっている人たちといろいろ話す機会がありました。2024年4月2日に南京事件に関してともに記者会見を行なった「外務省ホームページの変更を要望する会」のメンバーです。

横浜の中学校の教師の方にデータを見せてもらって驚きました。日本の若者たちの「自己肯定感」が非常に低いのです。

公益財団法人日本財団が2019年に公表した、インド・インドネシア・韓国・ベトナム・中国・イギリス・アメリカ・ドイツ・日本の9カ国の18歳の若者各国1000名を対象とする意識調査結果があります。中に、「自身について」という項目があり、「自分を大人だと思うか」「自分は責任がある社会の一員だと思うか」「将来の夢を持っているか」「自分で国や社会を変えられると思うか」「自分の国に解決したい社会課題があるか」「社会課題について、家族や友人など周りの人と積極的に議論しているか」と6つの質問が立てられているのですが、すべてにわたって日本人は9カ国中最下位です。

中でも興味深いのは、「将来の夢を持っているか」という質問に対する結果です。日本人は60・1%で、一見比較的高いように思いますが、韓国を除く7カ国の18歳の90%以上が「将来の夢を持っている」と答えています。韓国でさえ82・2%です。ちなみにランキングのトップはインドネシアで97%が、夢がある、と答えています。

この大きな差はいったいどういうことでしょうか。織田さんや私の世代とは全然違っているように思うんですね。

織田　我々はね、戦中派に育てられたのですよ。私の親父は広島の呉工場で戦艦大和を作っていました。お袋の親父も海軍工廠の中佐相当の技官でした。
そこで働いていた親父を上司であるお袋の親父が見初めてお袋と見合いをさせたそうです。お袋がよく話していたのは、結婚してすぐに遭遇した呉の大空襲です。嫁入り道具が全部焼けた、と言っていましたね。原爆のきのこ雲も見た、と言っていました。
しかし、そういう話をしていても、日本国があっての我々であり、お国のために尽くさねばならない、ということが、親父やお袋の話の根底には必ずありました。

西村　私の父は学徒出陣で陸軍に入り、インドネシアに赴いていました。存命中、戦争のことはほとんど語りませんでしたね。もっと詳しく聞いておけばと、今になって本当に残念に思います。

織田　つらかったのだと思いますよ。親父の弟は海軍のパイロットで戦死したのですが、ほとんどその話はしてくれませんでした。余程つらかったのでしょう。

西村　軍靴を履こうとしている時に上官に熱い湯を上からかけられた、といった話は聞いたことがありますね。あとは、鉄砲を渡されて、天皇陛下からいただいたものであるからものすごく大事にした、という話。それくらいのことしか語りませんでした。
多くは語らなかったけれども、世界に負けてなるものかという意識は持っていた、ということは伝わってきました。終戦後にオランダ軍の捕虜になり苦労して帰国したはずですが、インドネシアを好きでしたね。

戦中派の親から、世界に負けない、国を守る、という意識が伝えられていたおかげでしょうね。私は、自己肯定感が低いという感覚を覚えたことはありませんでした。

我々の世代は、幼年期から、戦後復興と高度成長という時代を歩んできたわけです。東京オリンピックが昭和39年の１９６４年。中学校１年生の時でした。アジアで初めてのオリンピックであるということで、ものすごく興奮して中継を観ていた記憶があります。

オリンピックといえば、非常に気になったことがありました。東京オリンピックの第２回目がコロナ禍で1年ずれて２０２１年に開催されたわけですが、その前々回の２０１２年のオリンピックはロンドンで開催されました。

ロンドンオリンピックの時、テレビ中継で非常に際立っていたのが、イギリス軍がオリンピックをサポートしている様子を盛んに映し出している映像です。世界各国、オリンピックの時には必ず軍隊が全面的にサポートするものなのですが、ロンドンオリンピックの時には特にそれが顕著でした。

そこで、２０２１年の東京オリンピックを注意深く観ていたのです。組織委員会は、例えば表彰式の時にはすべて自衛隊がアテンドすることに決めていましたから、その様子はしっかりと映し出されました。国旗掲揚もまた自衛隊が行うことも組織委員会で決められていました。

ところが、テレビ放送では、極力そのことをアナウンスしませんでした。開会式の時にまず日章旗を掲げて最初に登場したのは自衛官だったのですが、それも言わない。

１９６４年、昭和39年の東京オリンピック開会式の中継の時には、各国入場の先頭のプラカードはすべて防大の学生が掲げているということをちゃんとアナウンスしていました。防大の学生がプラカードを掲げ、凛々しい姿で入場します、というようなことをＮＨＫの北出清五郎アナウンサーはちゃんと言っているのです。

ところが、この前の２０２１年東京オリンピックの時には、そうしたアナウンスはなかった。つまり、昭和30年代の頃は、社会風潮に左翼偏向の傾向はあっても、伝えるべきことはちゃんと伝えていたわけです。

織田　最近になってさらにひどくなっているような気がしますね。

西村　私は、単純に、「反安倍」というものだと思っていますけれどもね。今の若者は自己肯定感が低いというデータを見せてくれた横浜の中学の先生が、教科書に原因がある、と言うんですよ。世代の違いはもちろんあるにせよ、です。

織田　教科書の影響は大きいと思いますよ。あとは世の中の風潮であり、雰囲気というものですね。

●先人達の気概の抹消

織田　ＮＨＫなどは本当にひどいと思いますよ。大河ドラマを見てください。大河ドラマは日清戦争、日露戦争はやらないでしょう。戦国時代や平安時代の物語はやりますが、明治維新から日清戦争、日露戦争といった先人たちが血と汗と涙で近代日本を作り上げた栄光の歴史物はやりません。

西村　最近は特にやりませんね。

織田　『竜馬がゆく』（１９６８年）や『花神』（１９７７年）、『翔ぶが如く』（１９９０年）、『徳川慶喜』（１９９８年）などあるにはありますが、明治維新の核心的なところは描きません。『坂の上の雲』は日本人の栄光の歴史が描かれていますが、大河ドラマとしては結局はやりませんでした。やるにはやったのですが、１年間を通して放送するというものではなく、回をまとめて集中的に、２００９年から足掛け3年かけて放送しました。放送したという既成事実作り、言い訳作りのような放映の仕方でした。

ドラマのかたちはあっても、要はつまり、先人が示した気概というものが表現されない。国を守るという先人の気概はＮＨＫにとっては「不都合な真実」であるかのように伝えない、教えない。そうやって世の中の「虚ろな」雰囲気を形作るといった底意を感じざるを得ません。やるのは平安時代とせいぜい戦国時代。その割り切り方は見事なものだと思いますよ。

私は、歴史というものには必ず光と影の両面があると思います。評論に、「水蒸気のようなものだ」と書いたことがあります。見る角度によって水滴に見えたり、虹に見えたり、雲に見えたり変わるわけです。

しかしながら、自国の歴史を他国の視点で書く必要はありません。教科書を見てびっくりしたことがあります。１９０９年に伊藤博文を暗殺した「安重根」が太字で書いてある。「伊藤博文」は普通字なのです。

西村　最近の教科書ですね。異常です。

織田　狂っているのではないかと思うことがあります。先にお話ししたイギリスの「アヘン戦争は義務教育では教えない」という考え方との落差が激しすぎます。愕然としましたね。「ある国を衰亡させるには、その国の先人達が気概を示した歴史を教えなければよい」ということが見事にずっと展開されているのです。

それを最初にやりだしたのは、やはり、終戦後の占領期に始まったＧＨＱの「ウォー・ギルト・インフォメーション・プログラム（War Guilt Information Program：戦争についての罪悪感を日本人に植えつけるための宣伝計画）」だと思いますね。降伏したけれども日本は恐ろしい国だ、油断がならないということでアメリカが準備し、マッカーサーが徹底して遂行しました。

それをそのまま引き継いだのが、左翼思想家、活動家の人たちです。マッカーサーの手に乗せられて恥ずかしくないのか、と言いたいくらいの話ですが、結局、そうした社会風潮の中でどういう人間が生まれ続けているのかと言えば、「虚ろなるもの」を自らの内に持つ、国家観が欠如した、精神的支柱のない人間たちなのです。

平安時代の伝教大師、つまり天台宗開祖の最澄ですが、師の有名な言葉に「自らを空しゅうして他を利するは慈悲の極みなり」があります。これが今、美徳になっていないのは、歴史、つまり天下国家の為に我が身を投げうった先人達の気概というものが消されてしまっているからです。結果的に日本社会全体に「虚ろな」社会風潮が漂い、蔓延《はびこ》っている。日本の人口が減っていく傾向にあるという重大な社会問題も究極的にはそこに帰すると思っています。

西村　少子化ということですね。内閣府発表の統計によると、19歳までの国民つまり10代の日本人の総人口パーセンテージは、私や織田さんの世代で40％から32・7％ありました。1960年代、70年代ですね。

これが2010年代に20％を切って、現在の出生率がこのまま続けば2060年代には12・7％になるというのが政府の試算ですね。

織田　現在の少子化問題というのははっきり言って国難です。これも日本人の国家観の欠如が一因だと思います。明らかな国難であり、誰しもが内心そう思っているのに、国難と指摘できない。そんな風潮があります。こういう風に言うとまたぞろ「産めよ増やせよ」が始まった、「戦前の反省がない」「軍靴の音が聞こえる」なんて非難されて話が終わってしまう。あるいは、そう言われるのが怖くて、誰も何も言わない。

国家のために、将来の日本のために立派な子供を一人でも多く育み育てよう。そのための労苦は惜しまない、といった気概を昔の人は持っていました。自分達が死んだ後も、日本を守り、受け継いでいく立派な子孫を育てよう、ということでしたからね。

西村　米軍が今、日本の少子化ということを安全保障上の問題にしている、という話が出ています。

織田　先進諸国は今、みな出生率は2を切っています。日本は２０２３年の統計で合計特殊出生率（15〜49歳の女性の各年齢別の出生率を合計したもの。１人の女性が生涯に産む子供数の平均）は１・20で、アメリカのＣＩＡ（Central Intelligence Agency、中央情報局）の統計によれば世界２２７か国中２１２位。韓国はもっと低くて、２２６位です。

現在、「私」の優先、「個人」の優先が絶対的ですが、それが成り立つ前提にあるもの、そして自由や人道、人権といった前提にあるものは「国家」の存在であることが忘れ去られている。数字に表れているのは、実は「国家」あるいは「公」への意識がゼロになっている結果なのです。

●教育は自衛隊の底力の一つ

織田　サミュエル・Ｐ・ハンティントン（１９２７〜２００８年）というアメリカの政治

学者が、日本にはまったく独特の文明の歴史がある、と言っています。著書『文明の衝突』の中で、ハンティントンは、文明の歴史を、西欧、中華、イスラム、ヒンドゥー、スラブ、ラテンアメリカ、アフリカ、そして日本に類別して分析しているのです。

ハンティントンは、日本文明は西欧とも中国とも違う全く別の文明である、としました。「日本が独自の文明をもつようになったのは紀元5世紀頃であり、19世紀に近代化を遂げた一方、日本の文明と文化は西欧のそれとは異なったままであり、近代化はしてもついに西欧にはならなかった」と述べています。

言い方を変えれば、日本の場合は行き足、つまり今までの歴史、先人たちの気概をしっかりと伝えてそのまま進む力を国民に取り戻させればそれでいい、ということです。

自衛隊の教育は、まさにそうなっていると思います。優秀なソルジャーを育てなければいけないのですから、今の社会風潮から「虚ろなる」ものを心にもって集まってくる日本の若者を、そうではない方向へと教え育てる。

自衛隊の教育は非常によくできていると思っています。

西村　前章で織田さんが言われた、自衛隊は社会の縮図である、という言葉は今までに頭をよぎったこともなく、衝撃的でした。考えてみれば、その通りですね。

織田　自衛隊は変わった奴が入ってくるところだと、どうも世間一般には思われている節がありますが大きな誤解です。

西村　志のある人が入ってくるところだ、と思っている。

織田　我々の世代までは、確かにそういう人、志をもって入隊する人たちがいました。先に触れましたが、私の父親は戦艦大和を造っていたし、その8歳下の弟は海軍パイロットとして戦死しています。

私は叔父のパイロット姿の遺影を見て育ちました。「あの写真の人は誰？　何故あんな格好（飛行服）してるの？」とお袋に尋ねたことがあります。お袋は叔父にまつわるいろいろな話を聞かせてくれました。そういうことがきっかけで、私は防大へ入り、パイロットになろうと思ったわけです。

戦中派の親の世代が終わってしまい、そうした歴史は伝わらなくなってしまいました。我儘《わがまま》を言う権利がある、文句を言うことが正当だ、という教育を受けてきた若者たち、中には騙されて入ってきた奴もいるし、もちろん自ら入ってくる奴もいるけれども、そういった多様性ある若者たちを短期間で真っ当な日本人、優秀なソルジャーに育てるというのは本当に大変なことです。

しかし、行き足さえしっかり与えれば、本当に立派なソルジャーになります。自衛官はアメリカの軍人よりよほど優秀です。日本人は元々、立派なDNAを持っているのですが、日本の教育や風潮で抑圧されてしまっている。その呪縛を取り除いてやるだけです。

西村　合同訓練の後に必ずよく言われますね。自衛隊は優秀で、驚くほどレベルが高い。

織田　私がそのことをあらためて強く実感したのは現役最後の2年8か月間のことでした。任にあった航空支援集団司令官は、イラク派遣航空部隊指揮官を兼任していました。

私が司令官に就任したのは、ちょうど陸上自衛隊が任務を終了して帰国した時期であり、航空自衛隊だけ取り残されている、という状況の時でした。

バグダッド、エルビルという一番危ない地域への輸送任務が始まりました。この任務運行が始まる時、少しごたごたがありました。どうして俺らがこんな危険な任務をやらなきゃいけないのか、もともと派遣が決まった時、そういう話じゃなかった、という空気があったのです。

私は、隊員達の間で不協和音があると聞き、現地に飛んで彼らと話をし、任務の意義を説明しました。実際に任務運搬便に搭乗し、実情を把握した上で彼らの話を聞くと、任務の大義と実態の乖離が不協和音を生んでいることがわかったのです。

派遣当時の防衛大臣、石破茂さんは、まず、イラクの人たちが自らの手で国を復興するのを手伝う、ということを第1の大義だと訓示しました。これは、陸上自衛隊がいる時にはそれでよく、陸自がイラク人とともに復興作業をしているのを空自が支援するということでその大義を実感できたのです。

第2の大義は、国連決議に基づくということ。3番目は、イラクは産油国であり、石油を必要とする日本の国益に合致する。4番目は、中東の安定は日本の国益そのものだ。そして最後に、アメリカが主導するイラク派遣であり、日米で任務を遂行することで日米同盟のより緊密化が図られるということでした。

ところが陸自が引き揚げて、第1番目の大義が実感できなくなってしまっていたわけです。任務中、イラク人に出くわすことなどないんですよ。バグダッドに行っても、荷物を運んで、降ろす先は米軍です。米軍の物資を運んでいるわけです。これではイラク人を助けるという実感が湧かない。

バグダッド上空を飛べば下から銃撃されることがあります。実際に、イギリスのC－130（戦術輸送機）はそれで墜ちています。空自も他国とまったく同じ条件で任務を遂行します。オーストラリア、イギリス、アメリカ、韓国、シンガポールなどの空軍とまったく同じ条件です。このような危険が伴う任務にはしっかりした大義が必要です。私は任務の実態を現地で確認し、大義を替える必要性を感じました。五番目の「日米同盟の緊密化」というのが最も実態と近い。そこで私は「諸官はメソポタミアの空を飛んで、日本を守っているのだ」という趣旨の訓示をし、日米同盟緊密化のためにこの任務がどれだけ重要かというのを丁寧に説明したわけです。これは隊員の腑に落ちたようで不協和音はおさまり、撤収まで全員、坦々と任務を遂行しました。日本人は頭が良いので納得さえすれば、とことん誠実に任務をこなします。

空自はC－130を3機派遣していました。毎朝、諸外国の稼働機の情報が入ってくるわけですが、アメリカなどは12機持っているのに、稼働機は6機ないし7機が普通でした。日本は、朝の時点で3機すべてが稼働機です。空自の高い稼働率は諸外国の評判になっていました。

西村　なるほど、稼働率が高いことに驚くわけですね。

織田　空自の場合、故障があれば隊員たちが徹夜してでも修復するので、朝の時点で完全稼働状態になっているのは当然です。彼らはそこにプライドを持っています。しかし、ワークライフバランスみたいなものをまず考える諸外国からすれば、劣悪な環境の中での夜通しの作業など考えられないことなのです。

自衛隊は技量も優秀だし、飛行機自体、座席の下に防弾板を敷くなどして安全にしてある。自衛隊のC－130は青色に塗装してあったのでブルーバードと呼ばれていました。アメリカ人兵士は、空自機は安全だからブルーバードに乗りたいと希望者が殺到していました。

イラク派遣の撤収が決まった時、指揮官として挨拶回りのため、中東に赴きました。各国の将軍たちは、空自の任務完遂をねぎらい、昼食会を催してくれました。この時、指揮官としてスピーチの機会がありましたので、御礼の言葉をまず述べ、そして、「自衛隊には実は軍法がない、軍法会議がない」という話をしたのです。

途端に一同驚き、質問が矢のように飛んできました。「なぜ脱走兵が出ないのか」「どうして不祥事がないのか」「C－130の稼働率が高い理由は」等々、質問攻めです。私は、そこに疑問など持ったことがなかった。当たり前だと思っていたわけで、将軍たちの驚き様に、こっちが驚いた次第です。

西村　日本の基準と世界の基準は、やはり違う。

織田　質問には答えようがないので、私は一言、「サムライスピリッツだ」と言ったら将軍達は黙ってしまいました。

西村　それはもう日清戦争の頃からその通りです。

織田　重要なのは、こうして話題にされている空白の若者たちも、「虚ろな」教育を受けてきた若者たちだ、ということです。それが自衛隊での教育を経験して、その技量と規律の高さが世界から驚かれる優秀なソルジャーに成長しているということなんですね。自衛隊の教育は世界から一目置かれる素晴らしい教育だ、ということです。

●世界史の中の異質な日本

西村　１９００年に起こった北清事変（義和団の乱とも呼ばれる。清朝末期の外国排斥運動を中心とする動乱）の際の有名な話があります。

北京に義和団が押し寄せて外国人居留区を包囲し、11か国の居留民が籠城するという、いわゆる「北京の55日間」と呼ばれる事態が起きました。当時は世界各国の思惑がひどくて、今で言えばＰＫＯ（Peacekeeping Operations、国際連合平和維持運動）のような体裁をとり、北清事変を鎮圧するという名目でチャイナでの権益を伸ばそうとしているというのは、世界中がわかっていたことです。

籠城した居留民の救出に入った各国軍が行ったのは、簡単に言えば略奪でした。イギリス軍もロシア軍も北京に入って略奪行為を行いました。ただし、それは当時の世界の、軍事活動における常識的な行為でもあったわけです。

しかし日本軍だけは一切、略奪行為は行いませんでした。各国の軍人がみな、非常に驚いたそうです。

織田　規則というものは必ず守るし、不祥事など1件も起こさない。イラク派遣では1件の不祥事もなく、隊員が車にはねられたという事故が1件あっただけです。

西村　日本がそういった局面で世界から評価されていることは間違いありません。今、外国人の観光客が大勢やって来る動機の一つにそれがありますし、来たら来たで日本の社会をあらためて目にして感心し、さらにまたそれをSNSなどで発信して、日本のイメージが高まることにつながっています。

ただ、私は、日本は現実問題でずいぶん損をしている部分もあると思っています。馬鹿正直すぎるのです。

結局、大東亜戦争（1941～1945年）に至る過程においても、日本だけが軍規を守り、国際条約にも忠実でした。ハーグ陸戦協定（1899年にオランダのハーグで開かれた第1回万国平和会議において採択。1907年に改定・拡張。交戦者、宣戦布告、戦闘員・非戦闘員の定義、捕虜・傷病者の扱い、使用してはならない戦術、降服・休戦の方法などが規定されている）も、日本が当時大国の一員として国際社会に存在したからこそできたようなものです。

織田　馬鹿正直というのは確かにありますね。ただし、それで信用や信頼も生まれているわけですけれども。

西村　条約つまり国際社会における約束を守っていたにも関わらず、日本軍は大虐殺を行った、などという嘘でたらめが海外、また国内にもはびこってしまっています。日本は本当に損な役回りをしていると思いますね。

織田　自衛隊の若者は立派だと思います。自衛隊の教育を学校の義務教育でもやってくれればいいと思いますね。少なくとも、自衛隊であらためて教育する期間が省けます。

外国人ばかりでなく、日本人もまた、自衛隊の若者たちには大いに感心しますよ。中東に入るのに、最終給油地としてモルジブに寄っていました。そこに、日本人夫婦が経営しているレストランがあるのです。そこでいつも食事をします。

中東は治安が悪くて本当に危ないところだというのは、周知の事実です。レストラン経営のご夫妻が、日本の若い隊員が坦々として準備を済ませ、飄々として中東に赴く姿を見て、心から感動していると伝えてくれました。特攻隊として出撃していく人たちも、こうした風情だったのだろうな、と私は思いましたね。

いかに自衛隊で行う教育が素晴らしいか、あるいは正しいかの証左でもあるのですが、それをかつての軍国主義の悪い教育だとか何だとかというレッテルを貼って邪魔をする一派がある。敗戦のトラウマということなのでしょうね。

西村　防大が続けている行事ですけれども、毎年一回、11月下旬に靖国行軍というものがありますね。

神奈川県横須賀の防衛大学を徒歩で午後に出発し、翌朝に千鳥ヶ淵で献花を行い、靖国神社を参拝する行事です。約72キロを一晩かけて徒歩で行進する。

織田　それもいずれ左翼の新聞が難癖をつけてくるでしょうね。２０２４年、令和6年の1月8日に陸自の高級幹部が公用車で靖国神社へ行って制服姿で参拝したこと、9日に航空事故調査委員会の幹部が参拝したことを叩きました。

安全祈願を行うなどは当たり前のことです。しかし、自衛官が部隊として、つまり組織的に参拝してはいけない。１９７４年に出された「宗教施設への部隊参拝や隊員への参加強制は厳に慎むべきである」という防衛事務次官通達が都合よく担ぎ出されるわけです。自衛官は休暇をとって私服で靖国神社へ行き、参拝の時だけ制服に着替えます。こんなことをやっているのは日本だけです。それでも叩かれるのですが。

西村　靖国行軍においても防大の学生は私服で行進して、靖国神社で制服に着替えているわけですね。

織田　行進する時は作業服か体操着だと思いますが、参加する彼らは希望者だけの「有志」であり、強制はしておりません。

一昼夜を通しての72キロの徒歩行進というのは結構きついですから、マスコミは、歩けなくなった学生を待ち構えていて話を聞き出すというようなこともやるでしょう。そうしたマスコミの攻撃に今後、防大側は耐えていけるのかどうか。マスコミ対応は、一回失敗してしまうと全体的に壊れてしまいがちです。

●天皇陛下と軍、自衛隊の関係

織田　私は防大卒業後、空自の幹部候補生学校で訓練を受けました。その際、比叡山研修というのがあったのですが、いい訓練だったな、と今でも思い出します。

一週間、坊さんと同じ修行を行うのです。我々候補生は年齢的にも体力には絶対的な自信を持って臨んだのですが、それでもこれが大変でした。

朝、3時半に起きて坊さんと山に入る。千日回峰の修行では、最終的に60キロ近くを歩くそうですが、坊さんたちの速いのなんの。体力のピークにある我々がついていくのに精一杯でした。毎日そうして、座禅を組んで写経をして、わずかな精進料理を食べて一週間の修行を終えました。本当にいろいろ考えさせられる良い研修でした。

ところが、これが、「宗教施設への部隊参拝や隊員への参加強制」に該当する憲法違反だといわれ、結局、この訓練は今は行われていないそうです。本当に馬鹿なことを言うやつがいるものだと残念でなりません。

西村　神社であれば、なおさら激しい反発が起こるでしょう。

織田　仮にキリスト教信者の候補生がいたとしても、行きたくなければ別に行かなければいいだけの話です。確かに比叡山なので経を読んだり座禅を組んだりしますけれどもね。やはりちょっと、何かが狂っていると思いますね。

西村　とにかく、そういう批判勢力があるというのが一番の問題なわけです。

織田　まさに、自らの内にある「虚ろな」ものによって滅びる、ということです。

戦後は見事にやられてしまいましたね。戦前の日本には、良いところもあれば悪いところもあったことはもちろんですが、ただし、DNAとして、生真面目さや何事にも手を抜かない誠実さといったものはおそらく変わっていません。

いい方向に転べば、あっという間に再びいい国になる可能性はあると思います。嘉永6年（1853年）6月のペリー来航のようなショックがあれば、変わると思いますが、文字通りショックとなれば後遺症が残るのが常であり、あまりよろしくありません。

敗戦ショックというのは、本当に日本を駄目にしてしまいましたね。敗戦トラウマの克服について、昭和天皇は終戦直後、終戦当時海軍相にあった米内光政に、「日本再建には300年かかるであろう」とおっしゃられたといいます。

西村　戦後80年が経とうとしているのに、憲法9条すら変えることができていない。

織田　みっともないことです。

西村　田島道治初代宮内庁長官が昭和天皇に拝謁した際の問答を記録した『拝謁記』というものがありますが、その中に、主権を回復する、つまり1952年、昭和27年4月、サンフランシスコ平和条約が発効する直前に昭和天皇が、「憲法9条はこれでいいのか」とおっしゃった、とあります。当時首相の吉田茂に伝えましょうかと尋ねたところ止められた、といいます。

織田　昭和天皇は、軍というのは必要悪だ、とまでおっしゃっていますね。本質がわかっておられる。

西村　朝鮮戦争もすでに1950年に始まっていて、ソ連はアメリカに軍事的に敵対するということが国際常識化する時代です。その中で、「憲法9条はこれでいいのか」とはっきりおっしゃった。

織田　冗談ごとではなく、やんごとのない方は、真理を見通すことができ、世界情勢がわかるのですよ。天皇陛下が海外に行幸される際、政府専用機に乗っていただきます。あの政府専用機は実は自衛隊機であり、私が司令官であった航空支援集団に所属します。このため空自と御皇室とのつながりが深くなりました。私の在任中に今の上皇陛下には、3回乗っていただきました。帰国後、必ずお茶会を催していただきます。政府専用機の運航に関わった全航空自衛官、パイロット、キャビンアテンダントが招かれます。陛下が普通の20代の若者にお会いして、親しくお話をされる機会というのはこの時くらいのことではないでしょうか。

最初は一同整列し、小泉純一郎首相（当時）が挨拶され、お茶会、つまり立食パーティが始まります。陛下が皆さんのところを回られますので、自然な形でうまくやってくださいと事前に宮内庁から指導を受けました。また、玉体に触れないように、名刺交換などはもってのほかなど、粗相のないようにと最低限のマナーに関し事前に説明を受けます。いざ陛下を眼の前にすると、オーラがまったく違うことに驚かされました。これは説明などできません。みんなが感激してしまう。

陛下におかれては、二十歳《はたち》前後の若者たちと、親しくお話をされるというのはめったにあることではありません。本当にいい御表情をされていました。

自衛官ですから躾やルールが行き届き、陛下を自然な形で上手に囲んで、穏やかに時が進んでいく。外務省からも高官が出席されていましたが、自衛官の態度や振る舞いを見て感心され、「やはり自衛官はいいですね」って褒められました。

西村　そういった、自衛隊の存在が非常に良い影響を与えるという部分は、それこそメディアはまったく報道しません。
織田さんの今のお話にしても、たとえば宮内庁詰め記者クラブであれば、記事として書けるわけです。ところが絶対に記事にならない。

織田　自衛隊と天皇陛下のつながりについては絶対に書かないでしょうね。メディアが最もタブー視するところですから。

西村　私は、平成23年、２０１１年3月16日の今の上皇陛下のビデオメッセージを「平成の玉音放送」と書きました。被災地で活動する公的機関へのねぎらいの言葉を、まず最初に自衛隊の名を挙げて発せられました。

織田　先にも述べたように、その後のメディアの自衛隊の取り上げ方が変わりましたが、最近はまた元に戻ったようです。やはり一瞬のことに過ぎませんでしたね。

第三章 言葉を奪う

日本は今、日本だけが別世界にいるようなふりをしている。
言葉を奪われる、あるいは言葉を失っている、という状況は、
この「別世界にいるようなふり」が維持されるためにこそ必要なのだ。
しかし、奪われた言葉はあるけれども、奪われようとする言葉を
何とか保とうとしている人たちはやはり存在し、その意思は脈々と残っている。
それがなくなってしまった時こそ、本当の終わりがくる。（西村幸祐）

●かつて使えなかった「作戦」という言葉

織田　意外かと思われるかもしれませんが、自衛隊で使われる用語を考えてみると、言葉が奪われている現実というものがかなり明らかに見えてきます。

たとえば、２００３年から２００４年にかけて、「統合運用」ということが盛んに議論された時期がありました。防衛白書で「自衛隊の任務を迅速かつ効果的に遂行するため、防衛省・自衛隊は、陸・海・空自を一体的に運用する統合運用体制をとっている」と説明されている、今では当たり前のようになっている体制です。

この時、統合運用の司令塔である統合幕僚監部の組織をどうするかが議論になりました。なかでも司令塔の要である「作戦部長」をどうするかが最も重要課題でした。その際、問題になったのは、組織論ではなく、「作戦部長」という言葉自体が自衛隊では使えないということでした。どういうことかと言うと、日本は憲法で戦争を放棄しているので「作戦」はない。従って「作戦」という言葉は使えないという解釈でした。

自衛隊の職務には、法律職、政令職、訓令職とあります。防衛省が訓令で定める職名（訓令職）であればまだ融通がきくのですが、法令によって定められる職名（法律職）や政令によって定められる職名（政令職）の場合、内閣法制局の同意が必要です。

内閣法制局というのは、簡単に言えば、その法律や政令が日本国憲法を遵守しているものかどうか調査・確認する役所です。文書審査の過程で、憲法は戦争を想定していない。よって「作戦」はないので「作戦部長」という名称は駄目だ、ということになるわけです。

そこで「作戦」ではなく「運用」という用語を使え、ということになりました。自衛官サイドは、「『資産運用』じゃないんだから」といって猛然と反対しましたが、押し切られて、今でも「運用部長」という職名を使用しています。おかしなことで「運用部長」も英語に訳せば「Operations Officer」（作戦部長）となり、同じなのです。「歩兵」は駄目だけれど「普通科」ならいいといって、英語に訳せば「infantry」で同じというのと全く同様です。日本語だけが言葉狩りされている。こうした妙な話が自衛隊そのものの状況をよく表しています。

ところが、２０２４年度末に、「統合作戦司令部」という名称の部署が自衛隊に創設されることになりました。これは法律職で、現行の法律に則って設置される職務です。

これには「作戦」という用語がしっかりと入っています。退職後なのでどういった議論があったのかは知りませんが、少しずつ変わってきつつあるのかな、と感慨深く思いました。

西村　「作戦」という言葉が使われるのは初めてですね。

織田　訓令職としては空自の中に「作戦情報隊」という組織が２００１年に創設されました。この時、訓令職としてもはじめて「作戦」が入り、話題になりました。今回は法律職ですから、相当な政治のトップダウンがあったのだろうな、と想像します。法制局にウンと言わせる必要がありますからね。法制局も変わってきたのかもしれません。

西村　そうですね。故・安倍晋三氏がかなり変えました。第2次安倍政権が発足した翌年の２０１３年、平成25年の8月、安倍内閣は内閣法制局の在籍経験がない元・駐フランス特命全権大使の小松一郎さんを内閣法制局長官に充てました。

安保法制を実現するのに必要だったからです。安倍さんと小松さんは、それまで10年来、安全保障についてともに勉強会を重ねてきた同志とも言うべき存在だったようです。

安倍政権以降、まともなことを普通に言えるようになってきた、とは思います。

織田　徐々に、そうなってきてはいますね。戦車のことをかつては「特車」（特殊車両）と呼んでいたわけです。

今でも相変わらないのは、先ほどの「普通科」であり、これは「歩兵」のことです。

「兵」という言葉を憲法上の理由から使用してはいけないんですね。「砲兵」は「特科」と呼ばれます。

こうした言葉狩りは、日本学術会議が「軍事研究」はしないと言っているのと通底しています。アカデミアの世界では「安全保障」という言葉さえもが嫌がられます。

安全保障論や安全保障学と正面から銘打った科目を設置している国公立大学は防大を除けば、未だに存在しないと思います。何と呼んでいるかというと、「国際関係論」という言葉でお茶を濁している。

私は、２０１５年に私立の東洋学園大学の客員教授に就きました。安全保障の講座をしてくれ、ということで招かれたのですが、最初は「安全保障」という言葉は使えませんでした。国際関係論という名称で安全保障を講義してくれ、ということになりました。

３年ほど経った後で、もう大丈夫だな、ということになり、大上段に振りかぶって、堂々と「安全保障論」ということで講義することになったわけです。まったくおかしな国です。

東洋学園大学を定年で辞めて、２０２２年からは麗澤大学の特別教授を務めていますが、ここでは最初から安全保障という名称で講義を行なっています。保守系の教養に篤いことで知られる麗澤大学ですが、それでも私が入るまで、国際関係論講座というものはあっても安全保障講座というものはなかったそうです。

私は航空自衛隊時代に、アメリカ空軍大学に留学しました。アメリカ空軍大学には、2つのCollegeがあり、ＡＣＳＣ（Air Command and Staff College）とＡＷＣ（Air War College）です。ＡＷＣを直訳すると「空軍戦争大学」ですが、こう訳すと留学許可がおりません。だから「米空軍大学高級幹部課程」という呼称にして、自衛隊は予算を取っています。

西村 必要なことを行うためにはそうしなければならないから内局も敏感になるわけでしょうけれども、やはりそれは、最初から忖度して打ってしまっている「逃げ」ですね。

織田 トラブルにならないように最初から自己規制するのです。予算を取るには、担当する東大卒のキャリア官僚の頭に少しでも引っかかりがあると不利になりますからね。国会で問題になるのを嫌がっているのだと思います。

驚くべきことだと思いますが、かつて東京大学では戦時国際法を教えていなかったそうです。憲法上、「戦時」というものは存在しないからということだったそうです。

西村 凄まじい話ですね。私は、それは知りませんでした。

織田 今の東京大学はどうか知りません。「国際法」については教えているようですが、少なくとも終戦直後の東大において、戦争を放棄した日本に「戦時」は存在しないのだから「戦時国際法」は教える必要はない、という議論があったそうです。

西村 防大にもそういった議論はありましたか？

織田 防大は軍事学、安全保障論、戦時国際法など全て教えますから、そこはちゃんとしています。当然です。日本広しといえど、軍事学を学べるのは防大だけでしょう。

それでも、自衛隊では未だに歩兵という用語も砲兵という言葉も使いません。軛《くびき》が残っているのです。国際社会の非常識、ということだと思いますけれどもね。

●ポリティカル・コレクトネスという軛

織田 今、またぞろ、そういった軛がぶり返してきたのではないでしょうか。桃太郎のストーリーが変わってきているらしい。鬼退治、とか、成敗、征伐などという言葉は排除されているそうです。

ポリコレ（ポリティカル・コレクトネス。political correctness。政治的適正、政治的妥当性、政治的正当性、などと訳される）が蔓延して、軛の強さが盛り返しているのではないでしょうか。

西村　２０１０年代の後半あたりから特におかしくなってきていますね。偏見と差別の排除、中立の絶対性といったことに対する過剰反応が戻ってきてしまっています。たとえば運動会という催事で紅組・白組という組分けをしないというのも、そのひとつです。

織田　アメリカは特に逆戻りしているようです。ロナルド・レーガン政権時代（１９８１～１９８９年）に一度、大規模な教育改革がありました。

１９６０年代後半～７０年代前半、アメリカでは教育の自由化・人間化・社会化が理念化され、いわゆる「子供中心主義」が蔓延しました。国内の教育は緩みに緩み、レーガン政権は、このままでは駄目だと危機感を持ちました。改革委員会が出した報告書のタイトルは「危機に立つ国家」でした。

レーガンは「もし非友好的な外国勢力がアメリカに対して今日のような凡庸な教育をするように押し付けたとするなら、それは戦闘行為に相当するとみなせるものだ」と述べましたが、このレーガンの言葉は有名です。

レーガン以前の教育では、たとえば計算ドリルや綴り方など子供が嫌がること、辛抱しなければならないようなことはやらせない、という風潮が蔓延《はびこ》っていましたが、レーガンはこれを正しました。ところが、今またアメリカは、ここに戻りつつあります。
レーガン以前は、学校というもの自体、学級崩壊どころではなく、ドラッグの蔓延、女子学生の妊娠、数え切れない不祥事など、ひどい状態でした。こういった教育崩壊状態をレーガン政権が立て直したわけですが、今また、ポリコレの出現で、いわば「子供優先」という以前の状態に戻りつつあるようです。

西村 バラク・オバマ政権の時代（２００９〜２０１７年）に、ポリティカル・コレクトネスが蔓延しました。その理屈がいいように使われ始めたのです。

織田 その余波を日本も受けているように感じるのですが。

西村 私の見方では、アメリカのそういった政治潮流は日本にそのまま流れ込み、日本の左翼が、これが政治の最先端であるとして鵜呑みにする、という構図です。
アメリカ社会の最近の風潮に「キャンセル・カルチャー」というものがあります。特定の人物や団体が反社会的言動を行なったとして問題視し、追放運動や不買運動などを起こす、という風潮です。
これは、中国共産党の毛沢東が１９６６年に開始して10年間続けた「文化大革命」そのものです。実質はライバル・劉少奇との権力闘争の道具でしたが、この思想徹底運動にあっては多くの知識人が投獄されて殺害され、一般人も多く死に、その死者数については公的に調査されていないので不明ではあるものの、１０００万人とも３０００万人とも言われています。

織田　アメリカで起きているのは、たとえば、２０２０年の、コロンブス像の破壊運動ですね。先住民に多大な犠牲を出した暴力的な植民地化への第一歩がコロンブスの上陸だということらしい。

西村　それは「批判的人種理論」というのですが、アメリカの歴史の悪い部分を見ろ、ということで、１６１９年をアメリカの建国の年にしろ、と言い出している運動もあります。１６１９年は初めての黒人奴隷が現在のバージニア州ジェームズタウンに連れてこられた年である、ということなんですね。

１６１９プロジェクト（The 1619 Project）と呼ばれていますが、そもそも２０１９年に、アメリカの左翼新聞の筆頭「ニューヨーク・タイムズ」が仕掛けた運動です。アメリカができたのは１７７６年の独立宣言によるものではない、１６１９年の奴隷制の開始によるものだ、という歴史観で、左翼の支持を集めています。

織田　そうした流れの中で、コロンブスは極悪非道の人間になってしまった。

西村　世界史を調べれば、もちろん、そういった見方はできるわけです。そして、その事自体は別に問題ではありません。

しかし、アメリカ人が自国の建国の歴史を考える時、コロンブスの件や1619年の件を第一義的なものとして採用するというのはやはりおかしい話です。

織田　アメリカ人というのは合理的に物事を考える人たちだと思っていたのですが、最近、どうもおかしい。

歴史は歴史です。歴史的事実を今の価値観で裁いてはならないというのは、歴史を学ぶ時の鉄則です。かつてそういうことがあった、ということでいいはずです。それなのに、南北戦争で功績をあげた南軍の名将リー将軍の銅像をバージニア州政府がいきなり撤去したりする。リー将軍は奴隷制を是とする南軍の将軍だったからということです。

歴史上の人物を、現在ただ今の、それも一部の勢力の価値観で抹消してしまうようなことがアメリカで行われています。日本の平将門（平安時代前期の関東の豪族）は、天皇に歯向かった歴史に残る逆賊として知られていますが、日本史から放逐されたり、いたずらに叩かれたりということもなく、むしろ神社の神様になって祀られているくらいです。

揺り戻しがあっても、必ずいいところに戻ってくるのがアメリカの良いところだと思う

のですけれども、今はどうもそうじゃない。あさっての方向に行ってしまっているような
ところがありますね。

西村　調整して歩み寄ろうとするのではなくて、完全に相容れない主張があちこちに立ってしまっていますね。そうなると、やはり内戦や分裂という話が出てくる。

織田　日本は、特にその影響を受けているのではないでしょうか。

西村　日本はもろに被《こうむ》っていますね。そしてヨーロッパ、特にイギリスが被っています。すべてがポリコレと結びついてしまって政治的になっています。

織田　日本は、終戦直後のGHQが行なった精神的な攻撃の上に、今、アメリカ発のポリコレが押し寄せてきている状況だ、という感じがしますね。

西村　GHQが行なった精神的な攻撃、その最たるものがウォー・ギルド・インフォメーション・プログラムということになるわけですが、これは、GHQ初期の民政局の連中が作った占領統治方針です。

当時、民政局ケーディス次長の右腕としてこの方針を主導したカナダの外交官ハーバート・ノーマンは、コミンテルン（1919〜1943年に存在した国際共産主義運動の指導組織）のスパイだったことが明らかになっています。

ＧＨＱには、そういう人たちがかなり入り込んでいました。日本国憲法を書いたのも、そういった勢力の人間たちです。

●未だにＧＨＱの事後検閲の中にいるメディア

西村　西岡昌紀さんという、医師でもあるジャーナリストの方がいて、２０２１年に『オッペンハイマーはなぜ死んだか』（飛鳥新社）という本を出しました。作品賞はじめアカデミー賞を７つも取った『オッペンハイマー』という映画が２０２４年に日本でも公開されて話題になっているということもあって、先ごろ、久々にお目にかかって話をしました。『オッペンハイマーはなぜ死んだか』で、西岡昌紀さんは、米軍はやはり原爆に関する情報操作をかなりやっていた、ということを明らかにしました。日本に落とした原爆の放射線被害がここまでひどいものになるとは予想しておらず、ごまかしていた、ということです。

米軍つまりアメリカは隠しに隠していたのですが、一方、日本は原爆被害の情報をどんどん発信してしまっていました。爆発の直接被害だけではなく、その後も、急性の放射線被害や完治していない火傷が原因で死亡者がどんどん出ているという情報が英語のラジオ放送で流されていました。それをキャッチした米軍は、非常に慌てたらしいのです。

『オッペンハイマーはなぜ死んだか』にはきわめて興味深い写真が掲載されています。

撮影／Bettmann

これは、1945年7月16日に世界初の核実験が行われた米南部ニューメキシコ州のトリニティー実験場、つまり爆心地で撮影された、オッペンハイマーと計画責任者のレズリー・グローヴス中将の写真です。実験されたのは長崎に落とされたプルトニウム型でした。

写真は9月上旬に撮影されて公表されたのですが、この時に初めてオッペンハイマーの名前が出ました。科学者が造ったものだから信頼性の高い兵器であること、爆心地にいても被害はない、ということを訴えかけるための宣伝写真でした。

オッペンハイマーは1967年に亡くなりました。死因は咽頭がんです。確かにオッペンハイマーはヘビースモーカーでした。

しかし、医師の西岡さんは、オッペンハイマーの咽頭がんは喫煙によるものではなく、ニューメキシコで被爆したからではないか、という仮説を立てて『オッペンハイマーはなぜ死んだか』という本を書いたわけです。つまり、米軍の原爆に関する情報操作がテーマなんですね。

ＧＨＱが日本で検閲という情報統制を開始するのは１９４５年の10月からです。検閲指令はその前月に出されています。その段階で、朝日新聞はすでに１回、発行停止になっています。なぜなら、後に内閣総理大臣、自民党総裁に就任する鳩山一郎氏の「原爆投下は国際法違反であり戦争犯罪である」という発言を掲載したからです。

こうした姿勢が検閲指令でがらりと変わります。朝日新聞は翌年１９４６年、昭和21年に、被爆の日に関する記事の中で、「平和への第一発」などという言葉を使っているのです。

織田　ＧＨＱから処分を受けて怯えてしまい、もう懲り懲りだからといって、逆にすり寄るようになった、ということですね。

西村　それ以来、日本のマスコミは、今に至るまで、ＧＨＱの検閲方針に従うということが習性になってしまっているわけです。

検閲は１９４７年、昭和22年に事後検閲に変わりました。それまでは、記事が出る前にすべてチェックを行う事前検閲でした。

事後検閲に変えたということは、統制を緩めたということではなく、「もう事前にチェックしなくても大丈夫だ」とＧＨＱが判断した、ということなのです。それだけ日本のマスコミは進んでＧＨＱの言いなりになった、そして、その状況は今もそのままである、ということです。

２０２４年の４月に、陸上自衛隊大宮駐屯地の第32普通科連隊が、Ｘ（旧ツイッター）での活動紹介の投稿で「大東亜戦争」という言葉を使ったことで批判されましたが、まさにこれは同根の問題です。朝日新聞と毎日新聞が、鬼の首でも獲ったかのように、興奮した書き口で報道していました。

２０２４年で戦後79年、占領を解かれて72年になります。しかし、未だにＧＨＱに従っているのです。

織田　朝日を代表とするメディアは、普段は偉そうなことを言いますが、自らが精神的に独立していないのですよ。

西村　日本のメディアはすべて、未だにＧＨＱの検閲の中にいるわけです。

●守るために必要な攻撃能力、「敵」という概念

西村　２０１８年、平成30年の12月に、いわゆる「韓国海軍レーダー照射問題」が起きました。能登半島沖の日本海で、韓国海軍のＤＤＨ－９７１駆逐艦「広開土大王」（クァンゲト・デワン）が海上自衛隊のＰ－１哨戒機に対して火器管制レーダーを照射したわけです。火器管制レーダーの照射は攻撃を意図しますから、大問題になりました。

この事件への対応として、防衛省はすべての情報を公開しました。Ｐ－１哨戒機の無線通信の内容も実音声も公開したのです。

私が、あっと思ったことがありました。Ｐ－１哨戒機の乗組員は、はっきりと「This is Japan navy」と言っているのです。それがわかっているのか、お前の目的は何か、と英語で喋っていました。韓国海軍からの返答はありません。

安全保障の現場、つまり世界では、海上自衛隊は「Japan navy」であり、「日本海軍」なのです。

織田　それは当然なのです。たとえば２０２４年の6月、岸田文雄総理がＧ７でイタリアに行くのに使った政府専用機のコールサインは「Japan Air Force 001」、つまり「日本空

軍001」です。

自衛隊の公式な英語表記は「Japan Self-Defense Forces」です。陸上自衛隊は「Japan Ground Self-Defense Force」、海上自衛隊は「Japan Maritime Self-Defense Force」、航空自衛隊は「Japan Air Self-Defense Force」です。

かつて日米共同訓練が始まった頃、日本をよく知らない米軍人から「君たちは『自警団』か?」と言われたことがあります。「Self-Defense Force」というのは「自警団」のことらしい。

世界に出て行って「Japan Air Self-Defense Force 001」とか言っても、何だ、それはとなるだけです。自衛隊は国際的には軍隊であり、当然そのように思われているし、扱いもそうです。

私は「General」つまり「将軍」と呼ばれていました。一佐は「Colonel」つまり「大佐」です。先ほど触れた「Operations Officer」も「作戦部長」です。日本だけが違う。日本語と英語で使い分ける。二枚舌を使っているようで、本当におかしな話です。

西村　日本は、日本だけが別世界にいるようなふりをしているのです。言葉を奪われる、あるいは言葉を失っている、ということは、この「別世界にいるようなふり」を維持するために必要なのです。

織田　そんな「別世界」などすでにありはしないのに、ＧＨＱへの忖度だけが生きている。たとえば日本の防衛政策に、「仮想敵」という言葉はありません。安全保障上の「敵」という概念が日本国憲法にはないからです。

ただし、徐々に変わりつつあることは確かだと思います。先に触れた「統合作戦司令部」の創設、というのはその兆しでしょう。法律職にいよいよ「作戦」という言葉が出てきたか、ということなんです。徐々に、薄紙を慎重に剥がしていくようにしてノーマルになっていく、ということでしょうね。

しかし、世界の動きは、日本のそんな悠長な動きを待ってくれることなく、急激に、大きく変わっていっています。日本だけが国際社会の変化に取り残されて大丈夫かよ、と心配になります。

西村　特定秘密保護法の成立が国会で審議されている最中のことでしたが、２０１３年、平成25年の11月19日に、私は衆議院の「国家安全保障に関する特別委員会」に参考人として出席しました。当時の日本維新の会の招致でした。石原慎太郎さんが維新の共同代表だった時であり、第２次安倍政権ができた翌年、あの時の日本は今思うと明るくてエネルギッシュでした。

持ち時間15分の短い意見陳述でしたが、「敵国」という言葉が削除されている、ということも言いました。「特定秘密を保護するという、その保護ということは、相手国つまり日本以外の外国、あるいは敵国、戦後68年間、日本では敵国という概念はなくなって、敵国という言葉を恐らく使いませんね、外国、敵国の特定秘密をとる能力がなければ、実は保護する能力もできないんですね」というふうに発言しています。

問題としていたのはサイバー攻撃に対する防衛ということでした。当時の私の発言を引用すると、「何人かの方を取材して私もはっきりわかっているんですが、サイバー攻撃に対して防衛の能力を高めるためには、実はサイバー攻撃で相手を攻撃する能力がなければちゃんとした防御もできない」のです。

織田　日本は専守防衛を旨とする国であるから攻撃能力を持ってはいけない、という話をよく聞きます。これも誤解に基づくおかしな話です。

そんなことがどこに書いてあるのか教えてもらいたいものですが、そう言う人たちは、そもそも専守防衛の定義を知らない。専守防衛とは、「相手から武力攻撃を受けた時、初めて防衛力を行使する」、つまり相手より先には立ちませんよ、ということです。もし相手から侵攻があれば対応するのだから、対応するために必要な攻撃兵器を持っていることに何の問題もありません。

専守防衛というのは日本独特の言葉です。そもそもは、国際的な軍事用語の「戦略守勢」を使用すべきです。それを、忖度してしまって「専守防衛」という偽善的な言葉を使っているから、「攻撃能力を持ってはいけない」という誤った認識を持つ人が出てくる。言葉狩りの弊害でしょう。

それより「専守防衛」がおかしいのは、その次のフレーズ、つまり「その態様も自衛のための必要最小限にとどめ、また保持する防衛力も自衛のための必要最小限のものに限る」というところです。

災害派遣に自衛隊が出動する時、最高指揮官たる総理大臣は「全力を挙げて国民を救え」って訓示をします。しかしながら、他国から侵略があったら、総理は「あらゆる手段を駆使して全力を挙げて戦え」って訓示すべきところ、「必要最小限で頑張れ」って言わざるをえない。まるでコメディですが、専守防衛はそう定義されている。また防衛力も「必要最小限のものに限る」とありますが、誰が「必要最小限」と判断するのでしょう。偽善以外の何物でもありません。国際的に通用する「戦略守勢」に変える必要がありますが、あわせてこのコメディのような定義を何とかしなくてはなりません。

いずれにしろ「戦略守勢」が国際的に常識的な安全保障用語なのですが、私が現役当時には、「戦略」という言葉さえ使えませんでした。「戦」の文字が入ると、とにかく使えないのです。

西村 国家戦略という言葉がようやく使われ始めたのはここ10年くらいの話ですね。

織田 それだけでも、従来は考えられなかった。隔世の感がありますね。

西村 私の学生時代など、国家戦略という言葉を使おうものなら、すぐに、お前は右翼か、というレッテルを貼られましたね。

確かに変わってきたことは変わってきました。少しずつ少しずつ相手にダメージを与えて滅ぼしていくことを、薄く切ることに擬《なぞら》えて「サラミ・スライス戦略」と言いますが、今、日本はそれをやり返し始めている、ということかもしれません。薄く薄く奪われていったものを、薄く薄く取り返していっているわけです。

織田 ただし、その速度が、国際社会の動きについていけない。ウクライナ戦争や中国の台頭、そして北朝鮮のミサイル実験のスピードを見ればわかる通りです。

西村 ＡＩというものもそこに含まれます。

織田　全てにわたって後手後手に回っているのですよ、とにかく。その原因の根本に、言葉が奪われているということ、今はなきＧＨＱに未だに忖度して自家中毒症を起こしてしまっているということがあると思います。

問題は、これが根強いということだけでなく、自家中毒を起こしていることの自覚がないということです。先ほども触れましたが、日本有数の頭の良い人が集まっているとされている「日本学術会議」という機関があります。内閣府の特別機関の一つであるわけですが、学術会議は未だに、軍事研究を行わない、ということを基本姿勢としています。

学術会議は２０２２年に、軍民両面で利用可能な「デュアルユース」技術について、「軍事用と民生用で研究成果を分けるのは困難である」という見解を出したことがありますが、軍事研究を行わないという旗は降ろしていません。軍事研究をしないで平和を創造できるとでも思っているのでしょうか。偽善以外の何物でもありませんが、問題は、それを偽善と感じていないところです。

西村　別世界にいるふりをしている、ということがわからないでいるわけです。唯我独尊でうぬぼれているんでしょうね。

「ダチョウの平和」という言葉があります。ダチョウというのは、周囲に危険を感じると頭を砂にもぐりこませて見ぬふりをする、現実から逃避するわけです。

織田　「Ostrich Fashion」ですね。海外でよく、日本はオーストリッチ・ファッションだと揶揄されます。現実・真実に向き合わないことで心の平安を保っている、とよく言われる。まさに、その通りでしょう。

●理解せずにきた西欧一神教の過酷さ

織田　ＧＨＱの占領統治がよほど巧妙だったということでしょうね。独立して何十年経っても、その残滓《ざんし》がずっと残っている。消えないのですよ。日本人が素直で従順すぎるのかもしれません。

西村　アメリカは、きわめて綿密に日本に対する占領統治計画を立てていました。時間もまた、かけていた。アメリカが占領統治計画を策定し始めたのは、実は、１９４２年６月のミッドウェー海戦の直後です。

すでにその時から勝戦のかたちでの終戦を予定して計画策定に取り掛かっている。アメリカでインテリジェンスを扱う組織としてはＣＩＡ（Central Intelligence Agency、中央情報局）が有名ですが、ＣＩＡは戦後の１９４７年にできた組織で、当時はＯＳＳ（Office of Strategic Services、戦略情報局）という組織が計画策定を担当しました。

織田　ミッドウェー海戦を客観的に評価したうえで、終戦および終戦以降のスケジューリングを行なったのでしょう。

西村　ＯＳＳは、捕虜にとった日本人を徹底的に尋問しました。日本人の性格を綿密に調べ上げた。

日本兵の特徴で一番大きいもののひとつとして、上官や作戦に対しての不満は言うけれども天皇に対する不満はまったく言わない、ということが上がっていました。そういったことを、基礎データとして、アメリカは大量に持っていたわけです。基礎データは占領の時の施策資料として使われました。

織田　当時のアメリカの日本研究にはすごいものがありましたね。１９４６年に『The Chrysanthemum and the Sword: Patterns of Japanese Culture（邦題「菊と刀」）』というタイトルで出版されて一般的に知られることになった、文化人類学者のルース・ベネディクトの研究もそのひとつです。

西村　そうした中の研究者の１人で、よく知られているのが、日本の文化勲章も受賞している日本学者ドナルド・キーン（1922～2019年）です。

彼は要するに情報将校でした。すでに日本文学の研究はしていて、その日本語の知見が評価されて、海軍情報士官としてハワイの翻訳局に赴任していました。

織田　日本人は戦いに負け慣れていないのです。ドイツなどは第一次世界大戦、第二次世界大戦、ずっと負けている。負け方を知っているわけです。

西村　第一次世界大戦でのドイツの負け方などはメチャクチャですね。当時の国家予算の数十年分にあたる賠償金を請求されています。ヒトラーが出てくるのもわかりますね。

織田　ドイツは負け慣れているから、第二次世界大戦後、占領中には基本法や憲法を決して作らず、虎視眈々と再軍備の時期を計っていました。

統一前の西ドイツは1955年にNATO（North Atlantic Treaty Organization、北大西洋条約機構）に加盟するわけですが、NATOに実権を委ねる形で再軍備を果たしました。なおかつ虎視眈々《こしたんたん》と狙っていたのが軍法の整備と軍法会議の設置です。これもNATOによる域外派遣を機に軍法を整備しました。軍法会議の方はさすがに反対が多く断念しましたが。

西村　情報機関も早くから整備していましたね。いわゆる連邦情報局は1956年の設置です。

織田　再軍備などと言い出すと、フランスもイギリスも、ドイツは「suspicious（サスピシャス）」だ、疑わしい、ということになるのです。それを承知・理解していて時期を伺う、そして機を見てさっと実行する、ということをドイツはやりました。機を見るに敏、とにかく上手いのです。１９８９年のベルリンの壁崩壊などはその最たるものでしょう。本当に、ここぞ、というチャンスを見逃さない。

一方、負け慣れていない日本は、虎視眈々、ということができませんでした。日本国憲法などは、占領中は不満をずっと溜めこむことに専念しておいて、占領終了つまり独立回復と同時に一気に、憲法は無効、ということをやればよかった。北方四島の返還もソ連が崩壊した直後の絶好の機会を逃しました。

西村　吉田茂（１８７８〜１９６７年、第45・48〜51代内閣総理大臣）はそれができませんでした。

西尾幹二さんが２０２４年に出された『日本と西欧の五〇〇年史』（筑摩書房）で、この５００年で日本は初めて西欧に出会った、それ以前には日本人は、白人たちの獰猛さと一神教の恐ろしさというものを知らされることはなかった、というふうにおっしゃっています。

織田　農耕民族で多神教の日本は、狩猟民族の恐ろしさがわからなかった。

西村　特に一神教の苛烈さというのは格別だったのではないでしょうか。日本には日本独特の死生観があります。戦災ということについても、敵を憎むことより、敵味方を含めた死を悼《いた》むことの方が優先される部分がどうしてもありますね。

織田　そこは、西欧人が日本を理解できないところであり、同時に日本人が西欧人を理解できないところでもあります。

第一次世界大戦（１９１４〜１９１８年）で、１９１６年、「ソンムの戦い」と呼ばれる戦いがありました。日露戦争の旅順攻囲戦のような、一地域の陣地を攻め落とすために展開された大規模な消耗戦です。

旅順の場合、日本軍とロシア軍と合わせて3万人強の戦死者、日本の戦死傷者の合計は10万人弱を数えましたが、ソンムの戦いでは１３０万人の戦死傷者を出しました。この時イギリスは軍史上最高の、一日１万９０００人の戦死者と4万１０００人の負傷者、という事態を経験しています。

「30年戦争」（１６１８〜１６４８年）などは戦争被害の規模の最たるものかもしれませ

ん。ヨーロッパの人口が3分の1になってしまうぐらいまで戦い尽くしました。基本的にはカトリックとプロテスタントとの間に起きた宗教戦争で、原因は当然、一神教が抱えている思想にあります。こうしたところはやはり日本人には理解できません。

西村　異教徒討伐の十字軍がそうでしたし、今に至るイスラム文化圏とキリスト教文化圏との対立がそうですからね。

織田　一神教の狩猟民族に対して、こちらは縄文時代のように一万数千年にわたって平和な暮らしをしてきた多神教の農耕民族ですからね。そういう意味では、明治維新を境に世界に出ていった日本が初めて直面した厳しさ、ということになるのでしょう。

そして、相変わらずその厳しさというものを真に理解できないまま国際社会で右往左往している、というところが戦後の日本の現状かもしれませんね。

西村　日本が日露戦争に勝利した直後、1908年に、アメリカが日本に向けて「白い大艦隊」と呼ばれる艦隊を派遣したことがあります。当時の大統領はセオドア・ルーズベルトでした。

横浜港にアメリカ軍の戦艦が8隻ずつ2列の16隻、日本の戦艦も8隻ずつ2列の16隻が停泊して一週間を過ごしたのですが、その際、日本人はアメリカの艦隊を大歓迎しました。

当時、多くの日本人が親米感情を持っていたのです。

アメリカも友好訪問という名目できていたわけです。各戦艦が白の塗装で統一されていたので「白い大艦隊」と呼ばれるわけですが、白というのは平時色を表しています。しかし、艦隊上のアメリカ軍は、実際に日本の陸地を目の前にして、日本を攻略するとすればどうしたらいいかということをまず考えていたそうです。

織田 当然でしょうね。

西村 ところが、日本人はなかなかそういうところに思い至らない。

織田 外交活動には必ずインテリジェンスが付いて回るというのが国際常識です。しかし、日本が同じことをやっても、本当に単なる親善訪問で終わるでしょう。

私が航空総隊司令部の防衛部長を務めている時に、当時小泉首相の北朝鮮訪問がありました。２００４年です。小泉首相は航空自衛隊の政府専用機で北朝鮮へ行ったわけですが、その事前訓練がありました。

その際、政府専用機の胴体下にカメラを付けて北朝鮮の、それも平壌近郊の様子を上空から撮るという提案をしましたが、却下されました。若干の機体改修が必要であり、その予算要求をしようとしたわけですが、計画を打診しただけで却下です。

せっかく平壌の近郊を飛ぶのに、勿体ない話です。本来なら官邸から、情報を獲ってこい、と言ってこなければいけないところです。

日本には、情報のヘッドクォーター、司令塔がなかった。だから、そう考える人間がいたとしても、誰も指示できなかったのでしょう。

西村　当時はまだＮＳＣ（National Security Council、国家安全保障会議。２０１４年創設）もできていませんしね。

織田　もし海上自衛隊が親善で行ったとしても、港湾の深さを測って帰るとか、そういったことは一切しないでしょう。親善目的といえば、親善だけということになります。農耕民族の性《さが》というか、戦うことに慣れていない、ということでしょうね。

●義経はなぜ強かったか

織田　源義経（１１５９〜１１８９年）という武将がいました。義経がなぜ強かったかというと、ちょっと日本人離れしていたからです。

義経は壇ノ浦の戦い（１１８５年）で平氏を滅ぼした源氏側の大将で、いわゆる「八艘飛び」などといった戦術を展開しました。どういうことかというと、義経は、今風に言うと「超限戦」、つまり制限なき戦いを壇ノ浦で展開した、ということです。義経は、従来の戦の慣習にこだわらず、制限を取り払いました。

当時、壇ノ浦のような海上における船と船との戦いにおいては、漕ぎ手を射てはならないという暗黙のルールがありました。騎馬戦においては馬を射てはならない、それが美しい武者の戦いだ、ということです。

義経はこの暗黙のルールを破り捨てました。まず漕ぎ手を射るように命じたのです。漕ぎ手を射れば船は止まります。船が止まれば、それを足場に戦うことができる。これが、「八艘飛び」ということです。

戦いにおける美意識というか、戦いには美というものがある、という意識が日本人は強い。そこに、そうではない義経という人が現れたのです。

西村 日本人的ではない人が現れたので平家側は混乱を起こしたわけですね。壇ノ浦の前年の「一ノ谷の戦い」では、「鵯越《ひよどりごえ》の逆落とし」という有名な作戦を展開しました。不意打ちの奇襲作戦ですね。

織田 義経は従来の日本人的発想では考えられないことをやった。だから強かったわけです。

西村　そういう系譜でいうと、あと、そういうことができたのは織田信長（１５３４〜１５８２年）ということになりますか。

織田　恥とか美意識とか、そんなものは二の次だった。義経の頭にあったのは、とにかく勝てばいいのだ、という西洋的な考え方だったのだと思います。

元寇（文永の役１２７４年、弘安の役１２８１年）の時には、日本側は、「やあやあ我こそは……」といった伝統的な儀礼から戦を始めて、モンゴル側に「てつはう」と呼ばれていた爆弾みたいなものを投げつけられて苦戦しました。

西村　元寇はよく戦いました。最近の歴史研究だと、台風の影響が勝因ではなく、台風などなくても日本は勝利していただろう、とされています。

織田　とどめが台風だったんですね。それまでに鎌倉武士たちは、苦戦しながらもモンゴル軍をしっかりと防いでいる。モンゴル側に多大な犠牲を課しました。

「いざ鎌倉」は、たいしたものだなと思いますね。みずから助くるものを神は助けるんですよ。

西村　そういう日本人であっても、やはり西洋人の血なまぐさい戦争の歴史は理解できないということでしょうね。

織田　日本は世界に出ていくのがちょっと遅かったのです。だから、なかなか世界が理解できない。負け慣れていないからこそ、いざ負けてみると、マッカーサーを神のように仰ぎ見るといったことになってしまうわけです。

●親マッカーサーの裏側

西村　1951年、昭和26年の4月16日にマッカーサーは帰米しました。その際、一般の日本人がたくさん集まって列をつくり、手を振って見送りました。「25万人の人々が空港（羽田空港）に続く12マイルの道に10列もの列を作っていた」と米国務省は記録に残しています。

織田　マッカーサー神社をつくるべきだという話まで出ました。その熱狂が冷めたのは、マッカーサーの、いわゆる「12歳発言」でした。

帰国後の5月5日、上院軍事委員会の中で「仮にアングロ・サクソンが、科学、芸術、宗教、文化といったその成長段階からたとえば45歳であるとすると、日本人は、近代文明という尺度からすれば12歳の少年のようなものであるだろう」と発言したのです。

これを日本のメディアが伝え、12歳の少年のようなものであるという部分だけ強調されれば、日本人は馬鹿だ、と言われているようなものですから、日本人はみな、冷水を浴びせかけられたように熱狂が冷めてしまった。

いかにGHQの占領統治が上手かったかということが、こういうところからもわかりますね。それにころりとだまされる。まったく日本にはウブなところがあるわけです。

西村　一番うまいのはやはり情報統制ですね。GHQが情報統制と検閲の体制を発表する時に何と言ったか。「日本軍部の検閲はこれにてすべて廃止する」と言ったのです。

つまり、GHQのおかげで日本国民は開かれた情報に触れることができる、というふうに宣伝しました。ところが、実際は、軍部の検閲の代わりにGHQの検閲が登場しただけです。

織田　それは言わない。最近になるまで日本人も知りませんでした。

西村　GHQは、手紙をすべて検閲しました。私は、実際に手紙の検閲を行なった人を取材しています。21世紀に入ってまもなくのことで、ご存命でした。

『諸君』（文藝春秋）という雑誌に書いたことがあります。その方は当時、津田塾の学生でした。ものすごい額の給料が支払われたそうです。戦後の貧しい時代ですから、学生や学者連中が殺到しました。

織田　焚書も同時に行われましたね。ＧＨＱの占領統治政策の邪魔になるような戦前の書物をリスト化して没収し、読むことができないようにしました。その作業にあたったのは東大の若手学者たちです。

日本の戦前の教育は本当に良かったということを言っているような学者たちが、戦後はころっと変わってそんなことをやっていました。情けない話です。

『日本独立』（２０２０年公開）という映画があって、その映画に私は憲法学者・宮沢俊義の役で出演しているのですが、この宮沢俊義という人が、そういった戦後の学者を代表するような人でした。

占領下で日本国憲法の制定がいろいろと議論されていた時、１９４６年2月1日に毎日新聞が憲法草案をスクープして大騒ぎになりました。スクープされたのは、当時、幣原喜《しではらき》重郎《じゅうろう》内閣の憲法問題調査委員会、松本烝治委員長がまとめた案だということでしたが、これを起案したのは実は宮沢俊義でした。

スクープされた草案は、天皇の統治権を残した、大日本帝国憲法の流れを汲む伝統的・

保守的な内容でした。これは駄目だということで、マッカーサーは2月3日、三原則（天皇制存続、戦争放棄、封建制廃止）をスタッフに示し、これに沿って草案を作るように命じました。憲法学者もいないGHQのスタッフが草案をまとめ、幣原内閣に手交したのが2月13日、つまり10日間で憲法草案を作って、幣原にこれを飲めと指示したわけです。

そのGHQが「押し付けてきた」、象徴天皇、戦争放棄、基本的人権を骨格とした草案を擁護した第一人者が、これもまた宮沢俊義だったのです。東大の先生は本当に節操がない。

西村　有名な、宮沢俊義の「八月革命説」（1945年8月14日に日本がポツダム宣言を受諾したことで、日本の最終の政治形態は日本国民の自由に表明せる意思により決定されることになった。これは、国民の憲法制定権力を認めたということであり、明治憲法の基本原理である天皇主権を放棄したことを意味し、革命を意味する、という説）は、自らの言動のアリバイづくりのために立てた説というわけですね。

織田　説明がつかないのですよ、「革命説」でなければ。しかもGHQが否定した松本烝治案は宮沢俊義本人が作ったものなのですからね。GHQに擦り寄らなければ、自分は憲法学者として生きていけないどころか職さえ失う、という判断だったのでしょう。そこでアクロバット的な理論が必要になったわけです。

西村　保身ですね。ＧＨＱの憲法草案を擁護するのに、「八月革命説」を唱えなければ、自分の整合性も連続性もとれない、ということになったわけです。

織田　当時の東大の学者たちもまた、自分の中に「国家」というものはなかったのではないでしょうか。「自分」という「個」だけはある。したがって、追放されて食いっぱぐれたら困る、時の権力にすり寄ることにしようと考え、捻り出したのが「八月革命説」だということです。

西村　そう考えると、戦前も戦後も変わっていない。

織田　戦前はいい教育をしていた、という言い方をよく聞きます。ある意味正しいと私は思うのですが、宮沢俊義に代表されるように、戦前にあれだけ頭のいい学者たちがころりと寝返ってＧＨＱにすり寄って忖度してしまう、という現実もあります。日本人そのものがそういう国民性を持った信念のない弱い人間なのかもしれません。とても残念ですが。

●ＧＨＱが最も恐れた「敵討ち」

西村　もし本土決戦をやっていたら戦後は変わっていたかもしれない、という仮説を立てる声を実はよく聞きます。
織田　難しい。正直に言って、わかりませんね。
西村　もちろん被害は甚大なものになる。けれども、アメリカの被害も、ものすごいものになる。
織田　やはり原爆で流れが変わったわけです。本土決戦を行なったとしても、甚大な犠牲者が出て、同様の流れになるかもしれない。わかりませんね。
西村　終戦は、昭和天皇の個人としての決断に委ねられました。
織田　戦争に負けて軍人が切腹したりする、それを見ると日本人はすごいものだと思いますが、一方で宮沢俊義のような人間もいっぱいいるわけです。
西村　憲法学者でも、と言っては失礼ですが、日本国憲法の施行後に、清水澄《しみずとおる》法学博士が、大日本帝国憲法に殉じるということで入水自殺しています。慰霊碑が清水博士の故郷である金沢の護国神社にあります。
実はその金沢の護国神社で、２０１２年、平成24年の12月8日に22歳の金沢大生が切腹自決するという出来事がありました。真珠湾攻撃の日の自決です。
今の学生の中にも、そういう人間は現れるんですね。そして、この出来事については、ほとんどのメディアは報道しませんでした。

２０１９年に、これは私の知人でしたが、靖国神社でも自決がありました。天皇陛下の御参拝が実現できず、英霊に対して申し訳が立たない、ということが自決の動機でした。

こうした人たちが時々出てくるというのは、奪われた言葉はあるけれども、奪われようとする言葉を何とか保とうとしている人たちはやはりいる、その意思が脈々と残っている、ということだと思います。細い糸ですが、それがなくなってしまった時には、本当に終わりになってしまうのだろうと思いますね。

戦前、どの教科書にも必ず出ていて、子供たちが尊敬する人物の第１位に挙げられていたのが楠木正成でした。１３３３年に建武の親政を打ち立てた後醍醐天皇に深く仕え切った忠孝の武士です。これを今はまったく教えません。

いわゆる教科書の「黒塗り」で、教科書から楠木正成を消し去ったのはＧＨＱでした。楠木正成が登場する『太平記』（14世紀後半に成立）も、今はそれほど評価されませんし、話題になることもありません。

織田　天皇陛下に関わった歴史上の人物というのは、ことごとく消されていて、教科書にも出てきません。忠義という言葉が危険視されて、天皇とは関係のない、『忠臣蔵』さえ抹消されているほどです。

ＧＨＱの情報統制がそのまま生き続けている証拠でしょうね。「敵討ち」という言葉に対する忌避、「忠臣」という言葉への悪意的解釈は、そのいい例でしょう。

西村　アメリカには、実際に手を下した人間だけでなく計画にあたった人間も含めて、負い目があるのですよ。全国で展開した絨毯爆撃、大空襲、核兵器の使用と、ひどいことをしたと思っているのではないでしょうか。

そして結局、何を考えているかというと、敵討ちからどう逃れるか、ということを考えているわけです。

織田　それは海外では常識なのですよ。やられたらやり返す。必ず、敵討ちをやるんです。だから、日本人に原爆を持たせてはいけない、と考えるわけです。日本は、実は恨みは「水に流す」文化なのですが、彼らはそれを理解できませんので。

西村　ナチスのユダヤ人問題にも、ものすごい復讐意識がありますね。強制収容所への移送指揮官だったアイヒマンなどは15年間も追いかけられてイスラエルに連行され、絞首刑になっています。

母親が言っていた言葉が耳に残っていますよ。私はまだ小さかったので何もわかっていませんでしたが、アイヒマンの裁判が報道されていて、ユダヤ人の執念はものすごい、と言ったんです。

織田 イスラエル軍の将校に友人がいますが、話を聞いていてユダヤを見直したことがあります。彼らは2000年間、ディアスポラ（民族離散）で、世界中にばらばらになっていた。しかしながら第二次大戦後、イスラエルというユダヤ国家を建設した。

これはどういうことかというと、2000年の間、民族のアイデンティティを保ち続けていたということです。これはちょっと考えられないぐらいすごいことです。

日本人がアメリカに移住して2世、3世になったら、もうその人達はアメリカ人ですよ。日本人というアイデンティティは綺麗さっぱりなくなります。

アイデンティティを保ち続けることができている理由の一つに、宗教というものがある。母親がユダヤ教徒であれば、生まれてくる子供はユダヤ教徒になります。しかし、そうであっても、このアイデンティティの持続というのはなかなか説明がつかないことだと思いますね。

旧約聖書には、神の使いであるアブラハムがパレスチナの地をおまえたちに与えると言った、と書いてあるわけですけれども、それを拠り所にして2000年間のディアスポラを過ごしてきて、１９４８年に一気にその地に入り、イスラエルを建国したわけです。
２０２３年10月にハマスのテロ攻撃があって、以来、イスラエルは臨戦状態にあるわけですけれども、どう考えてもあの地域におけるパレスチナ人の根絶やしを考えているように見えます。ここで負けたら、再びディアスポラだと、彼らは建国後、戦争を戦い続けてきた。
とにかく、恐ろしいまでの執念深さがあります。日本人の常識とは相容れない。友人とも話が通じないところがありました。

西村　その日本人の常識というものをあらためて確認するためにも、日本人は、戦前の良いところ、つまり戦前の言葉を取り戻す必要があるわけです。

織田　戦前はすべてが悪いとしたのはＧＨＱです。すべてが悪いということにして、良き日本的なものまで捨てさせ、日本の歴史と伝統にそぐわない新たなものを取り入れさせようとしました。
ここに間違いがあります。とにかく全否定するというのはおかしな話です。まるで産湯《うぶゆ》を使っていて、汚れたからといって湯を捨て始めたら赤ん坊まで流してしまった、というようなものです。最も大切なものを取り戻さねばなりません。

第四章

幻想を与える

例えば、他国からの侵略に対して第9条の戦争放棄を守り続ける、つまり、平和憲法のためなら死んでもいいとすることは、実は大東亜戦争末期に叫ばれた一億総玉砕と同義である。

特に軍事の現実を、一般の日本人は知らなすぎる。

知らないこと、あるいは知らされないことで、誤った平和幻想が維持されているのだ。

日本が平和国家であるなどとは私は絶対に思わない。それこそは幻想である。（西村幸祐）

●世界一「国のために戦わない」日本人

織田　もはや戦中派の人々がいなくなったということもあるのかもしれませんが、今、声高に叫ばれるのは「人命絶対尊重」ということです。これは、まさに平和カルトの影響です。「絶対」ということは、「何より」ということですから、「国家」より「人命」を尊重することになります。しかしながら国家なくして、人権も人道も、そして人命も尊重できないのが現実です。そもそも「人命絶対尊重」ということ自体が矛盾に満ちているのです。

健康カルトという社会現象がありましたね。健康に良いとされる考え方やルール、器具や環境で身の回りを固めて、「健康のためなら死んでもいい」と揶揄されるくらい、健康に夢中になっている状態のことです。

西村　それと同じように、平和カルトの人たちは、平和のためなら死んでもいいと考えるわけです。

織田　そうですね。平和のためなら国家は滅んでいい、という人が実は少なくない。

西村　三島由紀夫は、「平和憲法は偽善。憲法は日本人に死ねと言っている」という言葉を残しています。敵が攻めてきた時にも第9条の戦争放棄を守り続ける、つまり、平和憲法のためなら死んでもいいとすることは、大東亜戦争末期に叫ばれた一億総玉砕の裏返しに過ぎない、一億総玉砕となんら変わるところはない、ということなんですね。今の日本社会の平和主義思想は、まさに平和カルトです。

織田　国際プロジェクトの世界価値観調査が２０２１年に発表した調査結果によると、「もし戦争が起こったら国のために戦うか」という質問に対して「はい」と答えた18歳以上の日本人は全体の13・２パーセントでした。

これは世界の中で飛び抜けて低い数字で、もちろんワーストです。ワースト２はリトアニアですが、ワースト２のリトアニアでさえ割合にして日本の倍以上、32・８パーセントの人々が、国のために戦うと答えています。

世界価値観調査のデータをよく見てみると、日本の場合、「わからない」という回答が38・１パーセントありました。そして、「わからない」と答えた人のパーセンテージもダントツで世界一です。

つまり、日本人は教育されていないのです。国のために戦うと答える日本人が少ないのも、教育に問題があるのだろうと思います。アメリカの第３代大統領のトーマス・ジェファーソンが「最大の国防は、よく教育された市民である」と述べましたが、今の日本の惨状は、やはり教育に原因があるのです。

西村　重要なところでの判断基準がない、ということですね。

織田　まず、知識が不足している、まず、ということがあります。私は麗澤大学で総合安全保障の授業を担当しておりますが、まず、国家とは何か、国益とは何か、という基礎から始めて、力、パワーという概念を教えます。ソフトパワー、ハードパワー、スマートパワー、シャープパワーなど基礎的概念を学んだ後、パワーバランスについて教え、そして抑止の概念、その他、核戦略や国連など基礎的事項を徹底的にやって、自分の頭で安全保障を考えることができるようにします。

14回目の最後の授業の時に、世界価値観調査と同じ、「もし戦争が起こったら国のために戦うか」というアンケートを取ってみました。

「わからない」という回答はありませんでした。「逃げる」と答えた学生が11名、「降参する」と答えた学生は1名。あとの学生さんは「戦う」で、その数、95パーセントでした。

提出されたレポートを読んでみると、「現実的に考えれば、侵略されたら、何らかの形で戦わざるをえない。それ以外の選択肢はない」という趣旨のものが圧倒的に多かった。消極的抵抗派が多数派なのです。

私は、この学生の判断は健全だと思います。逃げると言ってもどこへ、どのように逃げるのか、具体的に考えたことがないから「逃げる」という答えが出てきてしまう。逃げる時に家族はどうするのか、恋人はどうするのか、といった大問題も具体的に考えたことがないから、簡単に、逃げると言ってしまうんです。現実的に考えれば、戦わずに済む、逃げればよい、というのはまったくの幻想だということに気が付く。

戦わざるをえないから戦う、というのが、私が教えている学生の95パーセントの回答でした。安全保障を教育する講座は、高校はもちろん、日本の大学にも私学以外にはめったにありません。東大にも、国際関係論の講座はあっても、安全保障の講座はないようです。

西村 先に織田さんがおっしゃられていたように、国際関係論という名前の講座はあっても、安全保障論はない。軍事学あるいは軍事研究といった、軍事に関係する科目が日本の大学にはないんですね。

●国家がなくても民主主義は存在するという幻想

織田 日本が外国から武力攻撃されたり、武力攻撃されそうな時、つまり有事の際には首相が自衛隊に出動を命令します。そういう状況になった時に発動される法律のことを「有事法制」といいます。

2003年、平成15年に成立した武力攻撃事態関連3法、翌年に成立した有事関連7法で有事法制の大枠ができあがりました。その際の国会での議論を聞いていて、思わずのけぞって驚いたことがあります。

有事法制に関する議論というのは、たいがいが、国民の権利が制約されないかどうか、といったことが目立って争点になりがちです。ある議員がこんなことを言ったんですね。「仮に国家の安全保障に重大な支障が生じようが、住民の意思を尊重するのが民主主義の基本ルールである」。

西村　そういうことを何の疑問もてらいもなく言う人間が国会議員である、というのが日本の現状ですよ。

織田　何を言ってるんだ、といったヤジも上がらない。国家がなくなってしまったところでどうやって住民の意思を尊重できるのか、人権を尊重できるのか。ウクライナ戦争でロシアに占領されている4州の実情を見てみろと言いたいですね。ウクライナ住民の意思なんか無きに等しい。机上の空論を議論して、まったくリアリズムが感じられない。こんな議論は、世界広しといえど日本だけでしょう。

西村　どう考えたらそういう思考になるのか、まったく一度聞いてみたいものです。

織田　発想にリアリズムが欠如しているのです。たとえば先に触れたように、「逃げる」と答えた場合、その時、恋人はどうするのか、親はどうするのか、いったいどこへ、どのように逃げるのか、その手段は、逃げた所でどうやって生活するのか、というふうに具体的に考えるという習慣がないのです。

民主主義の基本ルール、と宣ったこの国会議員は、占領された時、戦争となった時にはどうなるかという想像力が全く欠如してしまっている。都合の良い、空想の世界に生きているからそうなる。それは、日本の高等教育で安全保障を教えていない、むしろ軍事研究をしてはならない、としている日本学術会議を頂点とした日本の教育界に問題があると思います。

西村　恐ろしいことです。

織田　某国立大学に客員教授として招聘された後輩の元将官がおりました。ある時、「織田さん、聞いて下さいよ」と言うのです。

就任する時に一筆、「軍事研究はしない」と書かされたのだそうです。安全保障を教えるために来たのに、軍事研究はしてはならないという。軍事の研究をせずに平和が保たれることはない、という常識がまったく消去されてしまっています。

西村　素っ頓狂ですね。常識外れが常識になってしまっている人たちの頭の中の構造は理解できない。

織田　先の国会議員は、西村さんや我々の子供の世代なのです。彼らは本当に勉強していません。

●安全保障は必要ないという幻想

西村　織田さんが今、教鞭をとっておられる麗澤大学には、いわゆる左翼学生というのはいませんか。

織田　麗澤大学の校風からして、あまりいませんね。一方、私の講義には中国人留学生や韓国からの留学生もいます。

韓国の留学生は18歳から2年間、徴兵制に則って軍隊に入っていたそうです。兵役を終えて日本に留学しているのですが、非常にしっかりした優秀な学生です。

西村　そう言えば、２０２４年7月のイギリスの総選挙は労働党が勝って政権交代しましたが、保守党のスナク前首相は、12カ月間の兵役の導入を検討すると表明していました。徴兵制ではなくて、ドイツがやっていた制度と同じ、兵役か社会奉仕活動か選択するということでしたけれども。
　ドイツは徴兵制を再開すると思いますね。ウクライナ戦争がヨーロッパに与えている影響には、やはりものすごいものがありますから。
織田　ドイツは２０１１年に徴兵制を止めました。当時はいろいろな議論があって、徴兵制廃止に反対した側のマジョリティの意見は、「徴兵制を廃止すれば、国民をどこで教育すればいいのか」ということでした。つまり、軍隊というのは教育の場であり手段なのです。現在、アメリカでは大統領選の真っ最中ですが、共和党の副大統領候補のＪ．Ｄ．バンス氏も軍歴を持っています。彼は高校でマリファナに手を染め、どうしようもない落ちこぼれだったそうですが、入隊した米海兵隊の4年間で、真っ当な人間になったと言っております。
　私のところにいる韓国の留学生は徴兵を経験しているからでしょう、国家観もしっかりしていますし、何よりジェントルマンです。私は遠慮なく、たとえば福島原発の処理水について、中国や韓国はこんな馬鹿なことを報道している、などと言ったりします。するとその学生はまず、そう考えるのは日本という国の立場としては当然だ、と答えますよ。竹島の問題が議論となっても、主張を譲ることはないけれども、日本の立場は尊重する、という態度を必ずとりますね。

西村　理性的な人はわかるわけです。

織田　非常によく教育されているなと思いましたね。国家に対する姿勢や観点が、日本の学生とはちょっと違う。

西村　海外で、歴史論争みたいなことになった時、日本人は何にも話せない。

織田　基本的知識がないから、議論に負けてしまうんですね。総合安全保障は国際社会で活躍する人にとって必須の科目である、ということで私は教えています。

安全保障のイロハを学んでいない日本人は、海外での議論の場や社交の場では、「壁の花」になってしまう傾向が強い。国際情勢や軍事の話、特に中国の情勢などについていけないから、議論の輪に加われないわけです。

西村　首相時代の安倍さんに何度か言われたことがあるのですが、首脳の横に武官が付いていないのは日本だけだということなんですね。例えばサミットの際、どこの国においても大統領や首相などの国家首脳の側には武官が付いているわけです。

武官とはもちろん軍人のことを指すわけで、法的に日本に武官は存在しないわけですが、それに相当する役職の自衛官はいるわけです。結局、そういうところに、日本は軍事というものをないものとしてしまっている、ということが表れています。

織田 それで済んでしまうんですね。だから、その必要性を感じない。

安倍さんに大変近かった方から、安倍首相と岸田首相との違い、という話を伺ったことがあります。安倍さんは首相時代、少なくとも1週間に1回は自衛隊、陸海空の幕僚長を官邸に呼んで説明を受けていた、ということなんですね。

西村 日報といいますか、「総理の一日」というコーナーが首相官邸のホームページにあって、新聞がそれを再掲載したりするのですが、その予定が頻繁に載っていましたね。

織田 幕僚長は安倍さんが矢継ぎ早に質問をするものですから、答えられないものは次の回の宿題、ということで大変だったらしいです。

これは当たり前なのですよ。安倍さんは軍事の実際を知らないわけですから。安倍さんには、自分は軍事を知らない、しかしながら自衛隊の最高指揮官ですから、知らないでは済まされない、という自覚があった。だから頻繁に幕僚長から話を聞くわけです。そこが重要なんですね。

一方、岸田首相は今まで、統幕長（統合幕僚長）を呼んだことはあるものの、陸海空の幕僚長を呼んだことはないそうです。つまり、岸田首相は、その必要性を感じていない、ということです。

西村 それで、非核などということがよく言えるものだと思いますけれども。

織田 安全保障の知識がない人は、何が重要なのか、何が必要なのかがわからない。そして、安全保障がなぜ重要かさえわからないんですよ。

●特攻隊に今も守られているというリアリズム

西村 第2次安倍内閣ができてから4カ月ほどが経った2013年の4月、官邸に呼ばれて安倍さんと食事をする機会がありました。その時、安倍さんが、国際関係のバランスはあと2年は大丈夫だと言ったんですね。

安保法制の成立が、その2年後の2015年でした。安倍さんは、軍事の現場の声をちゃんと将軍クラスの人から聞いていた。安倍さんの言う2年という時間内では憲法改正は間に合いませんから、とりあえず安保法制だけは整備するということをしっかりとやっていたわけです。

織田　自分に足りないところがわかっていない、というのが政治家の器量として一番怖いところですよね。安倍さんは自分に足りないところ、自分に必要なところがわかっていました。安全保障の勉強をしていないということがわかっていたから、陸海空の幕僚長を頻繁に呼んで講義を受けていた。

そういった、自分に何が欠けているか、何がわかっていないかがわかっていない政治家というのは、私たちにとっていちばん恐ろしい存在なのです。いざ有事となったら決心がつかずに右往左往するだけ、ということになりかねない。東日本大震災の際、時の首相は何をなすべきかがわからず、おろおろするだけでした。

西村　実際、その通りでしょうね。２０２２年にウクライナ戦争が始まった後、岸田政権は本当に自らのプランで決断・実行しているとは思えません。

織田　２０１９年に安倍さんは習近平と会いました。その時、ちゃんと、尖閣諸島については日本の意図を間違えてもらっては困る、と伝えています。

西村　同様の内容の申し伝えは何度も行なっている、習近平に会うたびに言っている、と暗殺される前年の12月に2回、暗殺された年にも一度リモート参加した国際会議で明確におっしゃっていました。

織田　安倍さんの言葉のバックグラウンドには膨大なデータがあってのことです。そして、日本の意図を間違えるととんでもないことが起こりますよ、という発言には覚悟がある。覚悟というものは、データがなければできないことなのです。

尖閣諸島地域では、今までに2回、中国によって領空侵犯されています。1回目は2012年12月に民間機、中国国家海洋局所属のＹ‐12航空機が領空侵犯しました。2回目は2017年5月にドローン、中国海警局のものとみられる小型無人機が領空侵犯しました。尖閣以外では、2024年8月に中国軍のＹ９情報収集機が長崎県の男女群島周辺上空を領空侵犯しました。

尖閣では、この2件以外に今のところ領空侵犯はされていません。沖縄の航空自衛隊が、情報をキャッチするとすぐにスクランブルをかけ、中国機に先んじて領空で待ち受ける体制をとっているからです。

そしてやはり、安倍さんが習近平に伝えた言葉が効いているのです。中国は独裁国家ですから、習近平が中国空軍に領空侵犯するなと言えば、人民解放軍はその通りに従います。

もう一つ、私は面白いことを体験しました。1996年に日中防衛交流というのがありました。事実上の第1回日中防衛交流だったわけですが、外務省から加藤良三当時アジア局長、防衛省から秋山昌廣当時防衛局長、そして私を含む陸海空の一佐と内局の人間で中国に赴いたわけです。

夜に、中国側が宴席を設けてくれ、人民解放軍の上級大佐が出席しました。向こうはよく研究しているんですね。私がパイロットだと知っているから、「中国軍機が尖閣を領空侵犯しても、空自は撃てないだろう」などと言ってくる。私はイエスともノーとも答えず、黙って聞いていた。すると続けて、「規則上はそうなっているから空自は撃てないはずだ。しかし、やはり空自は絶対に撃つだろうな」と言うのです。

私はそれには直接答えずに、にやりと笑って、どうしてこちらが撃つと思うのか、と尋ねました。すると、その上級大佐は「特攻隊の国だからな」と答えたのです。私はこの時ハッと気が付いたのです。日本は今もなお、特攻隊に守られている、先人に守られているんだと。

西村　まったく同じ内容の話を、私は、陸上自衛隊特殊作戦群初代群長で退官後は明治神宮至誠館館長を務めていた荒谷卓さんから聞いたことがあります。

荒谷さんがドイツ連邦軍指揮幕僚大学校に留学した時に、各国の尉官クラスの人間たちの集まりがあったそうです。そこで、たまたまテレビに特攻隊の映像が流れたのだそうです。すると、ある国の尉官が、「今、日本はアメリカの下でおとなしくしているようだが、いざとなったらこれをやるんだろう」と言った。荒谷さんは、我々は特攻隊に今も守られているのだ、とつくづく思ったというんですね。

織田　領空侵犯をしようと思うなら、それは簡単にできます。防ぐことはできません。ミサイルを撃てるならば抑止力になるけれども、領空侵犯措置としては、法的には、余程のことがない限り撃つことは難しいでしょう。でも、中国は領空侵犯はしない。撃たれると思っているからです。特攻隊の末裔である空自なら撃つだろうと。

西村　以前、佐藤守《まもる》元空将から聞いたことがあるのですが、ソ連の軍用機を迎撃した時に、顔が見える距離まで接近して、笑ってからかっている様子が見て取れたのだそうです。それでもソ連機は領空侵犯は決してしなかったというんですね。

織田　政治家の人たちにこの話をすることがありますが、政治家こそ靖国神社に行くべきだ、とよく言うんです。政治家の先生たちが国を守っているわけではない。今なお日本は、先人の気概に守られているだけなんだと。少なくとも今なお日本を守ってくれている先人に感謝の誠を捧げにお参りに行くべきだと。

西村　先にも触れましたが、その先人の遺産が食い尽くされてしまえば終わりです。

１９７６年、昭和51年に、ソ連の当時の最新鋭ジェット戦闘機ミグ25が突然、日本の領空を侵犯して函館空港に強行着陸するという事件がありました。ソ連防空軍のベレンコ中尉が米国亡命を目的に強行した事件だったのですが、この事件はどういうふうに評価されているのでしょうか。

織田　自機よりも低い高度を飛行している敵機を発見する能力のことをルックダウン能力というのですが、ベレンコ中尉亡命事件当時は、空自にはその能力がなきに等しく、発見できなかった、ということです。

高く飛べばソ連のミサイルに撃ち落とされてしまいますから、ベレンコ中尉は海面すれすれを飛んでくる以外にありませんでした。当時の航空自衛隊の主力機はＦ－４で、最新鋭ではあったものの、この事件でルックダウン能力の不足が指摘されるようになりました。空自はこの事件をきっかけにＥ２Ｃ早期警戒機を導入したりして低高度目標の探知能力向上に努めました。今のＦ－15なら簡単に見つけることができます。

この時、スクランブルに上がった先輩は、ミスった、これでもうクビだ、なんて思いながら帰投したそうです。ベレンコ中尉の方は、当然、空自が迎えにきてくれるものと思っていたのに、空自戦闘機と遭遇することもなく、燃料はもう尽きかけるし、たまたま下を見たら、ランウェイ（滑走路）が見えたので着陸したということです。函館空港だったのは偶然の話です。

●核の傘、拡大核抑止という幻想

西村　先に触れた、安倍さんが習近平に会うたびに、我々の意図を見誤るな、と言っていたというのはきわめて重要な事実だと思います。尖閣諸島に手を出したら、我々はやるよ、と安倍さんは言い続けていたわけです。

しかし、その後の日本の為政者は何も言っていません。菅義偉政権も言っていないし、岸田政権も言っていません。言っていない分だけ危機は高まっている、ということが言えるのではないかと私は考えています。

２０１６年にバラク・オバマ政権が核兵器の使用シミュレーションを行なっています。ロシアがバルト三国に侵略し、ＮＡＴＯ（北大西洋条約機構）が通常兵器で迎えるのに対してロシアが戦術核（局地戦用の小型核兵器）を使った場合の報復シミュレーションです。
オバマ政権は当初、ロシアのカリーニングラードに核兵器を落とすことを想定していました。しかし、アメリカ国家安全保障会議（ＮＳＣ）は、最終的に、ロシア本土への核攻撃となってしまうことを避けて、ロシアではなくベラルーシに核を使用する、と決定しているんですね。
問題は、この想定がロシアに対する確実な抑止力となるのか、ということです。核抑止というものが破綻しているのではないか、ということなんです。

織田　拡大核抑止の問題ですね。あれは幻想ですからね。

西村　破綻していて幻想に過ぎなくなっているということが、オバマ政権の核兵器の使用シミュレーションですでに明らかになっている。

織田　オバマ政権は、戦術核が使われた場合には通常兵器で反撃する、と明確に言っていますからね。今のウクライナ戦争でも、同じことをバイデン政権は言っています。

西村　アメリカ国家安全保障会議の報復シミュレーション決定についてはアメリカ国内でもあまり報道されていません。私がたまたま見つけた、米ニュースメディア「Slate」の記事による情報なのですが、不思議なことにこの内容を、２０２２年5月、共同通信が配信したのです。
そして、その直後、同年の7月に安倍さんは暗殺されてしまうわけですが、共同通信が情報配信するのと時期を同じくして、安倍さんは「BSフジLIVE プライムニュース」に出演して、米軍が「核の傘」を含む抑止力で日本を守る「拡大抑止」に関して日米両政府が報復の手順を協議し決めておく必要がある、と発言しました。

織田 当時、米韓で核の使用について協議するということになっていました。そのことを意味しているのでしょう。

西村 安倍さんの発言を、私は、非核三原則の妥当性を含め、日本は核抑止について議論を始めなければならない、核シェアリングなのか核保有なのか、とにかく議論を始めるべきだ、というふうに理解しました。

織田 議論に入っているということ自体が相当な抑止力になるわけです。

西村 北朝鮮に対する効果的な抑止になります。

織田 中国にとっては、日本が核武装するというのは悪夢ですからね。核抑止について議論されていないということは、核武装などさらに全く議論になっていない、ということです。

核シェアリング、核共有のあり方も一から議論すべきだと思いますね。欧州にはB－61という米国の戦術核が、ドイツ、イタリア、オランダ、ベルギー、トルコの5カ国6カ所に配備されています。ただ欧州の核シェアリングのような方法は日本の国土、国情には合わないと思います。

あの発想はそもそも、冷戦時代、ソ連が数万台の戦車で雲霞のごとく東欧から侵攻してくるのに対し、NATOの通常戦力では、これを阻止する能力がなかったことに端を発しています。ヨーロッパの自由主義国は第二次大戦後、直ちに動員を解除して各国とも通常体制に戻していましたからね。しかしソ連は、大戦後もしばらくは戦時体制を維持していました。

いくらシミュレーションをやっても、NATO側の通常兵器ではどうしても足りない、ソ連の侵攻を阻止できない。という結論しか出なかったのです。そこで、核でもって対応するしかない。それもアメリカの核運搬手段ではとても足りないということで、ドイツ、イタリア、オランダ、ベルギー、トルコの5カ国で一緒にやりましょう、ということになった。しかしながら、核の使用権限に関してはアメリカが持ちますということにしたのです。

当時、ドイツは西ドイツで、F‐104戦闘機に核の模擬弾を搭載して、ソ連のレーダーをかいくぐるために超低高度を超音速で飛行するという訓練を繰り返していました。だから事故も多く、F‐104は「空飛ぶ棺桶」「未亡人製造機」などと揶揄されていました。陸上の超低高度を超音速で飛ぶ、私たちの常識からすると狂気の沙汰です。

この核共有体制の欠点というのは、最終的には、やはりアメリカの決心を必要としたということです。当時の西ドイツが使いたいと言っても、アメリカ大統領の決断がなければ使えません。ただし、それはそれで、アメリカが権限を握っているということにおいてはその逆のケースもありえて、十分に抑止効果があるわけです。

日本の場合、大陸ではありませんから、核共有と言った場合には潜水艦の話になると思います。「もしトラ」でトランプ政権が復活した場合、またぞろ、日本は防衛にもっと金を使え、ただ乗りは許さない、駐留経費を上げろ、日本も核武装しろ、などと言ってくる可能性があります。その時、おろおろと右往左往しないように、今からしっかりと議論しておかねばなりません。たとえば、日本はアメリカの核の傘に甘えるのではなく、自前で核から守れと言われたらどうするか。直ちにできる方法としてはアメリカの原子力潜水艦をリースするという方法があると思います。アメリカの原潜一隻分の年間維持費6000

億円を払うから、米兵付きでリースさせてくれ。ただその時の条件として海上自衛官数人を乗艦させることだと。

海上自衛官が乗っているということに大変な意味があるわけです。これがまさに日本版核共有です。核を使用するかどうかはアメリカ大統領の決心でしょう。しかしやはり、海上自衛官が乗っている戦略原潜があるという事実、これが日本版核共有となって抑止力が格段に向上する。トランプはディールの人だから、あながち荒唐無稽じゃないかもしれない。少なくとも、もっと金を出せと言われたら、米原潜の運用経費を払うから1隻リースさせろと言い返すネタになる。こういう頭の体操をしておく必要があると思います。そういう意味でも核をタブー視して議論を封殺するようなことはしてはならないと思います。

西村　潜水艦を独自に造るといっても時間がかかりますからね。

織田　15年、20年かかります。オーストラリアが原潜を計画していますがうまくいっていません。造船能力がありませんから計画は破綻しつつありますね。

アメリカも、自分の海軍の潜水艦を造るのがやっとです。今、修理は日本がやってくれないか、という話になっていますよ。

西村　第7艦隊（横須賀に前方配備された旗艦ブルーリッジ艦上に司令部を置く米国最大

の前方展開艦隊）そのものをレンタルしてしまってもいいわけですよね。

織田　それはちょっと金がかかり過ぎるでしょうね。原潜1隻でいいんですよ。年間6000億円を出すから1隻レンタルさせろと。海上自衛官の乗艦については、あらためて議論になると思いますけれどもね。重要なのは、これは金を出すだけでできる、期間も要しないということなのです。

西村　非常に現実的な考え方だろうと思います。ゆくゆくはイギリスのようにトライデント（複数個別誘導再突入体付き潜水艦発射弾道ミサイル）を装備すればよい。

織田　イギリス海軍には今、原潜が6隻あるわけですが、すべてアメリカから技術をもらって造ったわけです。

方法論はいくつかありますが、まずは、そういった拡大核抑止について、具体的に議論することが重要なのです。日本では、安倍さんが議論しようと持ちかけましたが、自民党はたった1日で終わらせてしまいました。

西村　翻ってみると、核保有については、2006年、中川昭一さんが政務調査会長の時に1度、経産省にレポートを作らせたことがありました。予算は300億円、5年で核保有できる、というレポートです。それを新聞記者の田村秀男さんが、2006年の12月25

日に産経新聞の一面トップでスクープしました。

その前におそらく、経産省に核保有の試算をさせているという情報はアメリカに漏れていたのだと思います。当時米国務長官のコンドリーザ・ライスがすぐに飛行機で、核抑止は大丈夫だから日本は余計なことは考えるな、と言いに来たということがありました。

織田 繰り返しになりますけれども、現在の拡大核抑止はフィクションであり、幻想です。ヘンリー・キッシンジャーが、ワシントンを犠牲にして日本に差し掛ける核の傘などありえない、と言っている通りです。アメリカが本土を犠牲にしてまで日本を守るわけがありません。みんなそれがわかっているのに幻想だという人がいない。だから議論にもならない。

西村 トランプは、２０１６年の選挙の時にも正直にそう言っていました。

●核全廃が平和を実現するという幻想

西村 『オッペンハイマー』という映画は、おそらく20年前、30年前であればできていない映画だと思います。日本人が見れば、それでも逃げている部分が多いと評価すると思うのですが、どこか少しはアメリカ人も視野を広げてきているな、という気はしました。

織田　映画を見る限り、情報はだだ漏れだったんですね。ソ連は核の技術を1949年にアメリカから窃取していた。でなければあんなに短い期間に核兵器の保有はできません。

西村　第二次世界大戦中の米国フランクリン・ルーズベルト政権はソ連とツーカーの関係でした。1944年6月のノルマンディー上陸作戦においても、イギリスのチャーチルは反対したけれども、ソ連のスターリンが、やれ、と言った、といいます。それが事実です。チャーチルはむしろバルカン半島を制圧しようとしていたんですね。スターリンはそこに勝算はないとしたんでしょう。

織田　ソ連を味方としたことに、チャーチルはやはり後で後悔しますよね。ナチス・ドイツを倒すために、パワーバランスを考えれば、共産主義国ではあってもソ連の力が欲しい、たとえスターリンとでも手を組む、としたわけですが。

チャーチルは、「ヒトラーが地獄に攻め入ったら俺は悪魔を支援する」と言った人物です。そういう面ではリアリストだったのでしょうけれども、長い目で見れば失敗でしたね。スターリンは戦犯であるべきです。ナチスと組んでポーランドに侵攻したわけですから。

同じダンスを踊ってしまうということで言えば、拡大核抑止はフィクションに過ぎないのだけれども、どこもかしこもが同じことをずっと言い続けることによって、それが現実になってしまう。それとなくみんな、幻想を信じてしまうわけです。ロシアのプーチンも、核というのは戦術的にも使いにくい、と考えているはずです。

西村　口にはいつも出していますけれどもね。

織田　戦術核を戦場で実際に使おうとすると、少なくとも、その地域の友軍はすべて退避させなければなりません。自分の軍がいる地域ではまず使えません。

アメリカの国際政治学者エドワード・ルトワックが言った「ルトワックのパラドックス」というものがあります。「核兵器は非常に使いにくい兵器であって、ほとんど使えない。しかし、無用かというとそうではない。核は使われない限り有効である」というものですが、それはその通りで、核は、威嚇、恫喝の手段としてはきわめて有効な兵器です。

プーチンは、２０２２年2月24日の開戦のその日に、「ロシアは核大国である」というメッセージを流しました。それに呼応して、アメリカのバイデン大統領はすぐに、「我々は派兵しない」と表明しました。

当時は、戦車も供与しない、とさえバイデンは言っていたのです。プーチンの侵略を抑止すべきアメリカが、核の脅しで見事に抑止されてしまったわけです。

ルトワックのパラドックスには下の句があります。「核を持つ国の指導者が常人ではないと思われるような指導者であればなお更、効果的である」。

金正恩なら本当に使うかもしれないぞ、と関係各国がみなそう思う。そう思わせてしまえば、核の威嚇効果はさらに高まるわけです。ウクライナ戦争においても、プーチンならひょっとしたら使うかもしれない、と皆そう思っています。

だからついこの間まで、ロシアの領土に届くような射程300キロメートル以上の兵器は供与しませんでした。F‐16戦闘機の供与は許可しましたが、アメリカ自身が自ら供与することはしません。これはやはり、ロシアが核を持っているからです。

西村　日本の場合、核に対しては特殊なメンタリティがあります。

織田　そのために核の議論ができない。これは、ある意味、異常な国家と言えます。国際社会では生きていけません。

西村　実は国際社会において、核について最も議論していい権利を持っているのが日本です。核廃絶ということを本気で日本が言うのであれば、核は日本だけが持つことを許されている兵器である、ぐらいのことを言えなければいけません。

織田　1980年に社会学者の清水幾太郎さんが『日本よ国家たれ―核の選択』（文藝春

秋）を出しています。清水博士は、「最初の被爆国である日本が核兵器を所有しなければ、有事の際、世界中の国国が日本に遠慮してくれるという滑稽な幻想を抱いているのではないか」、「核兵器が重要であり、また、私たちが最初の被爆国としての特権を有するのであれば、日本こそ真先に核兵器を製造し所有する特権を有しているのではないか」、と言っているんですね。

核を持たなければ、核を廃絶しよう、という言葉に迫力はありません。持っていないのであれば、犬の遠吠えです。お前は核とは関係ないではないか、と言われて終わりです。

西村　中国、フランス、ロシア、イギリス、アメリカと、連合国の常任理事国は5カ国とも核を持っています。それが連合国、いわゆる国際連合の姿です。

織田　私は大学で核の授業もします。核と聞いただけで耳を塞いでしまうようなアレルギーは若者たちにはないようです。ただし、今まで教育で植え付けられてきた潜在意識というものがあって、核は絶対悪だ、と刷り込まれている。

そうではない、核は力だ、と私は教えます。国力を構成する力の一つなのですよ。そこまでは、学生たちもわかってきています。

ウクライナはソ連崩壊で独立した後、１９９４年に核兵器放棄、全廃を決定しました。

かつては1240発の核弾頭を持つ世界第3位の核保有国だったのです。

歴史にif（イフ）はありませんが、ウクライナがもしそのまま核を保有していたら、ロシアの侵攻はありえませんでした。ウクライナに核放棄を迫ったのは当時の米大統領ビル・クリントンですが、クリントンは2023年、ウクライナに核を放棄させたのは間違いだった。自らの言動を後悔している、とアイルランド公共放送RTEの会見の場で発言しています。

核の保有は1発で抑止効果があります。Existential Deterrence（実存的抑止）と言います。1962年10月のキューバ危機で、米空軍参謀総長のカーチス・ルメイが「今なら空爆で叩けます」と言ったところ、ケネディ大統領から「中距離核ミサイル発射基地のすべてを破壊できるのか」と念を押されたといいます。

1発でも残っていればマイアミは火の海になる、ということです。それでカーチス・ルメイは押し黙り、ケネディは空爆のオプションをとりませんでした。まさに、Existential、1発でも存在するということ自体が抑止になるわけです。

西村　北朝鮮の核に対しては習近平だって怯えている様子があります。2024年6月には、いつもとは違って東海、日本海方向、つまり中国に向けて発射実験している。

織田　私たちのような専門家が怖いと思うのは、金正恩が不慮の事故で死亡した時、そして統一朝鮮となった時ですね。
　今、韓国では国民の75パーセント以上が核武装賛成です。ウクライナが核を放棄したブタペスト覚書を結んだ時のような状況になった場合には、その反省から、統一朝鮮は絶対に核を手放さないでしょう。反日を国是としている統一朝鮮がどうなるか、核付き朝鮮半島の問題を日本は今からよくよく考えておかなければいけません。
西村　それが日本の最たる危機かもしれません。アメリカもそれはよくわかっているのではないか、と思います。ですから、在韓米軍のF－35戦闘機の整備は日本でやることになりましたね。
織田　私は退官後、三菱重工にいたことがあります。F－35については、重工は約８００億円をかけて整備施設を建設しました。重工は技術力がありますので、米国も日本で整備することを承認したのでしょう。
西村　韓国に危うさを感じたわけではない、ということですか。
織田　それもあるかもしれません。他方、韓国は、韓国空軍のF－35は日本に整備させたくない、と言っています。虚々実々なものがありますね。

●日本は南シナ海の緊張とは無関係という幻想

織田　２０２３年の年末に、特に北朝鮮のミサイル発射実験に関して、日米韓で情報の即時共有を開始することが発表されました。ここには微妙な危うさがあります。

北朝鮮の弾道ミサイルの情報を共有しましょうということなのですが、発射から初期フェーズの情報は韓国が最も詳しく入手できます。地球は丸いから、日本が探知するまで時間がかかります。逆に日本海などに着弾する最終フェーズの情報は日本が最も詳しく把握できます。そこで最初から日韓で情報を共有すれば、両国ともに情報を把握できるようになる。両国にとってメリットがあるので最初から最後まで情報を共有しましょうということでやり始めました。

これには危うさもあります。産経新聞の『正論』にも書いたことなのですが、情報を共有する際、本当に弾道ミサイル情報だけを分離できるのか、という問題があります。弾道ミサイルの情報を共有するために他の航跡情報も共有しなければならないのであれば、日本の防衛の手の内を明かすことになります。

ここは実は、政治家が懸念を示さなければいけないところです。ところが、日本の政治家は軍事的知識がない。だから政治サイドの要求として「それ行けどんどん」となる。そうなると制服組も止められなくなる。本当の危うさは、日本の政治家が軍事のことを何も知らない、というところにあるわけです。

情報の共有にはたいへん時間がかかったようです。2024年の1月から始まりましたから、おそらく、情報は弾道ミサイルだけのものに分離できたのではと想像しています。最初にこのシステムが試されたのは、1月（2024年）に北朝鮮によって発射された弾道ミサイルでした。面白いことに、韓国は1000キロメートル飛行したと発表しました。一方、日本の発表は500キロメートルで食い違っています。

これは日本の方が正しいに決まっています。なぜなら日本は着弾しているところまで掌握しているからです。しかし、韓国は頑として譲りません。情報を共有したとたんにこれかよと。韓国という国は本当に難しい国なんですね。

軍事を知らない日本の政治家たちが、日米韓で情報を共有するのはいいことだ、程度の認識で「それ行けどんどん」になれば危うい限りです。航空自衛隊のジャッジ情報（JADGE。自動警戒管制システム。弾道ミサイルの探知情報を一元的に処理し、適切な迎撃方法を判断する）が他国に入れば、空自の手の内がすべて明かされることになる。

私が現役の時、アメリカからも盛んにジャッジ情報をくれと持ち掛けられましたが、頑として断っていました。同盟国のアメリカであっても、こういう死活的情報の共有は慎重でなければならず、いろいろな条件を付けることが重要なのです。後にハワイの米軍基地を訪れた時、情報が米軍に渡っていることがわかりました。どういう条件を付けたのかは知る由もありませんが、日米だからまだしも、日米韓であれば、情報共有のリスクについて、政治サイドにしっかり説明して理解してもらう必要があります。何も知らない政治家が「グダグダ言わずにやれ」と言い出すと誰も止めることができなくなります。

西村　能力というものは、まさに主権国家としての姿なわけです。例えば日本でしかつくれない半導体だとか、そういったものと同じです。

織田　たとえ日米で情報を共有するとしても、こちらが不適切と判断したなら、いつでも蛇口を閉められるようにしておかなければいけません。ミサイルを撃つかもしれない、という時にはミサイル情報だけ共有して、終わったらぱたりと閉じる。

これも現役の時の話ですが、防衛交流で韓国に行った時に、できたばかりの南部方面隊司令部を見学することができました。北の脅威は北朝鮮だということはわかるが、南に備える脅威とは何だろうと興味を持っていました。

日本人として初めてその司令部に入ったのですが、なんとそのスクリーンには竹島方面が表示されていました。南部方面隊司令部の南とは日本のことだったのです。主権国家が近隣諸国を仮想敵として準備しておくのは極々まともなことなのですが、平和ボケした日本では理解が難しい。韓国はそういう国だということを知っておかねばなりません。そういう国に対してあえて情報を与えようとしている。しっかり日本の政治家にも理解をしてもらわねばなりません。

ジャッジ情報がいかなるものかということを、知っている政治家は少ないでしょう。ジャッジ（ＪＡＤＧＥ）というのはJapan Aerospace Defense Ground Environmentの略で、航空自衛隊の自動防空警戒管制組織のことであり、１９６９年から２００９年まで運用されていた防空指揮管制組織ＢＡＲＤＧＥ（Base Air Defense Ground Environment）に替わって運用開始されたシステムです。このシステムで処理される情報からは、専門家が見れば、航空自衛隊のすべてがわかってしまいます。

ジャッジ情報は、航空自衛隊がおよそ70年間をかけて構築・蓄積してきた貴重な情報資産です。発見・識別・要撃・撃破という防空作戦のすべての段階はこの情報に基づいて行われます。これを共有するということは何を意味するかということを、政治家にもわかってもらう必要があります。

他方、台湾と情報共有しようという話がありました。２０２２年の1月に産経新聞が、２０１９年2月に台湾から情報共有のオファーがあったのを日本政府が拒否した、という事実をスクープしていました。日本には、台湾・フィリピン間のバシー海峡の航跡情報は入手できない。一方、台湾は、宮古島や沖縄周辺の航跡情報が欲しい。これを共有しようという話だったのです。

２０１９年は第2次安倍政権の時代です。私はあるシンポジウムで安倍さんに、台湾からオファーがあったことを当時知っていたか、と直接質問しました。安倍さんは、知らなかった、と答えました。ということは、安倍首相に下から情報を上げていなかったことになります。これもまた問題ですよ、と指摘すると安倍さんは、う〜んと唸っていました。当時の防衛大臣は誰だったかなと安倍さんが聞かれましたので、岩屋毅さんですと答えると、岩屋君に聞いてみるかと呟かれてこの話は終わりました。

バシー海峡は海南島を基地とする6隻の中国戦略原潜の通り道ですから、そこの航跡情報は自衛隊にとって喉から手が出るほど欲しいものです。米軍もまた、海南島沖の深いところに攻撃型原潜を2隻を常時待機させ、待ち受けを続けています。

中国の戦略原潜は、ＪＬ－２弾道ミサイルを搭載した晋（ジン）級戦略原潜です。ただし、ＪＬ－２は射程が８０００キロメートルで、ワシントンに届かせるためにはバシー海峡を通って太平洋側に出ていく必要があります。米軍の攻撃型原潜２隻は、この戦略原潜を待ち受けているのです。中国が動けば米軍の原潜が直ちに反応する。そうした航跡情報は当然、日本の中国対応にとってたいへん重要なわけです。

西村　中国の空母・遼寧には日米の潜水艦が追尾している、と聞きましたね。常に撃沈させる準備をしているという。

南シナ海の海中には核弾頭を積んだ潜水艦が常に待機しているということ、チャイナの空母には必ず日米の潜水艦が追尾しているということ、そうした現実を一般の日本人は知らなすぎます。知らないこと、あるいは知らされないことで、誤った平和幻想が維持されている、ということです。

織田　空母などは大きいし、目立ちますからわかりやすいのでしょうけれども、潜水艦は見えませんからなおさら意識されないのでしょう。また、それだけにバシー海峡の現実というのは戦略的に極めて重要なのです。

バシー海峡の制空権はどうしてもアメリカにとってもらう必要があります。中国原潜を太平洋側に出してはならない。それを考えた時、台湾からの情報共有のオファーを断るというのは、軍事的センスがあまりにも無さ過ぎるということになります。

米ソの中距離核戦力（射程５００〜５５００キロメートル）については、１９８７年に署名されたＩＮＦ（Intermediate-Range Nuclear Forces Treaty、中距離核戦力全廃条約）でアメリカもソ連もゼロになりました。ところが、この条約で漁夫の利を得たのが中国です。中国は現在、射程５００キロメートルから５５００キロメートルの中距離弾道核ミサイルを約２０００発持っているといわれています。大きく東アジアのパワーバランスが崩れているので、アメリカは、トランプ政権の時、これはまずいということで２０１９年に条約を破棄し、中距離弾道核ミサイルを急速に増産し始めました。２０２４年から逐次でき上がってくるのですが、問題はどこに配備するかということです。インド太平洋軍は、いわゆる第一列島線に配備すべきだと主張していました。

第一列島線の内で最も長い範囲を占めているのは日本です。しかし、日本には非核三原則（核兵器を持たず、作らず、持ち込ませず）があります。もし日本への配備が現実的になったら、一波乱あるかと思っていました。それを予想してか、２０２４年４月にフィリピン軍との共同軍事演習の一環として中距離弾道ミサイルの発射台をルソン島に配備しました。なるほど最初の配備はフィリピンかと。アメリカはさすがにいいところに目をつけたと思いましたね。しかも、「発射台を配備した」というだけの発表です。核ミサイルを搬入すれば、いつでも運用できる状態となった。

少し考えればわかる通り、この報道は日本にとって、実に重要なニュースなんですね。しかし、ほとんどの新聞報道はベタ記事（紙面下部に並ぶ記事）扱いで終わりでした。日本の報道機関のリテラシーが全体的に低いとしか言いようがありません。

トランプがＩＮＦを破棄して中距離弾道核ミサイルを造り始めたのは日本のためでもあるのです。射程５００キロメートルから５５００キロメートルの核ミサイルを配備して意味が出てくるのは、せいぜいグァム島以西に配備した時です。フィリピン・ルソン島の発射台配備は、つまり、中国との核戦力のバランスを保つためであり、ひいては日本を守るための配備なのです。

西村　１９７０年代後期、ソ連が、アメリカには届かないがヨーロッパには着弾可能な中距離弾道核ミサイルＳＳ20の運用を開始したことがありました。アメリカとソ連には大陸間弾道ミサイルがあり、戦略核という点では両国でバランスしていました。

ソ連は、ヨーロッパとアメリカの分断を狙ったわけです。ヨーロッパに中距離弾道核ミサイルの配備はなく、ヨーロッパ諸国はアメリカの核の傘を疑い始めました。NATOはソ連に対して、SS20を撤去しなければ米国の中距離弾道核ミサイル・パーシングⅡをヨーロッパ内に配備する、と通達しましたが、そこに吹き荒れたのがいわゆる反核運動です。

しかし、当時西ドイツのヘルムート・シュミットは反核運動の幻想的な主張に惑わされませんでした。シュミット首相は左派政権だったのに西ドイツに中距離弾道核ミサイル、パーシングⅡを配備し、NATOはソ連に対抗した。結果、ソ連はSS20の撤去に応じたのです。これをきっかけにして、1987年のINFもあるわけです。

織田　あれは、軍縮のために軍拡して成功した例でした。

西村　今の日本は、チャイナに何発もの中距離核ミサイルを向けられています。にもかかわらず、何もやっていません。日本に中距離弾道核ミサイルを配備するのは当たり前のことで、チャイナと北朝鮮と核軍縮の話が可能になると思います。

織田　フィリピンに配備させるのではなく、本当なら日本側が、日本に配備しろと、アメリカに要求すべきことなんですよ。

●タブーという幻想

織田　今の日本社会には、特に軍事の議論に関してタブーがあり過ぎますよね。核などは、それについて考えることさえ駄目だという心理的な縛りがあります。
　核について考えることをタブーとしてしまうのは実におかしな話です。現実として核の脅威があるにもかかわらず、２０２２年12月にできた国家安全保障戦略には核抑止戦略がスッポリ抜け落ちている。
　国家安全保障戦略は、非常に良い戦略文書です。近年まれに見る良くできた文書だと思います。ただし、画竜点睛を欠くというのはこのことで、核抑止戦略がない。日本は、中国、北朝鮮、ロシアという3つの核保有国に囲まれている、世界でも稀に見る国です。しかも、核が増えているのはこの地域だけです。

西村　今、核というとウクライナ戦争の話になってきますが、誤解を恐れずに言えば、あちらの方が核に関してははるかに安全です。

織田　しかも、北朝鮮は明確に日本に対する攻撃意思を示しています。金正恩は、日本列島は沈めなければならない、などと公言しているわけです。

脅威は能力と意図の掛け算です。一般的には能力だけで脅威を推定しますが、北朝鮮のように意図まで示しているというのは珍しいことです。これだけ強力な脅威にさらされていながら、核については議論することさえタブーになっているのが今の日本です。

こうしたタブーを遵守させるというのは、日本を滅ぼす簡単な方法の中でも、最も効果的なものの一つでしょうね。タブーは、特に国家の安全保障を考える上で絶対にあってはなりません。安全保障に想定外があってはならないからです。しかし、タブーがあることはおかしいということを考えることさえタブーになってしまっています。

そして、平和という言葉を使えば何も反論できないという平和幻想も大きな問題です。これもまた、平和という言葉の前では何も言うな、というタブーなんですね。

平和というのは、日本国憲法からきています。憲法ができた時の時代的背景からすれば、憲法を作った側から言えば、日本が悪さをしない限り世界は平和だ、ということなんですね。だから、日本はそこに触れてはいけない、ということになった。

叫んでも、宣言しても、平和というものは実現しません。千羽鶴を折ったところで、平和は得られないのです。平和というのは、汗と、時には血を流して勝ち取るものです。それを考えようとしない、考えてはいけない、ということになっているわけです。

西村　平和は、力と力の戦いの結果としてもたらされるものだということがわかっていません。ヨーロッパの歴史を見ると特によくわかりますが、戦争と戦争の間に訪れるものが平和です。

ローマ時代から続いている事実として、平定という作業が行われるから平和になるのです。戦闘力がある国こそが平和国家だ、ということです。

織田　力というものを考えようとしない。これも日本の特徴ですね。力によって平和が保たれているということを考えようとしない。

「力なき外交」は無力です。力というものを考えたことがないから、今すぐにでも岸田総理はプーチンに会って戦争をやめろと言うべきだ、などと平気な顔で言うのです。力のない日本がプーチンにいくら言葉で言っても聞く耳を持たないでしょう。力というものが理解できないのです。外務省の元高官にも、平気で同じようなことを言う人がいますよ。ただし、最近の若い人は、もっとリアリストですから、そういうことはあまり言わない。

西村　外務省の中には、ちゃんとわかっている人が育っているのだろうと思います。

織田　外務省国際情報局局長まで務められた元外交官までこういうことを言う人がいる。困ったものです。

西村　教育の方では前川喜平氏といった人たちがいますね。

織田　話せばわかるなどとおっしゃる人がいるわけですが、力の均衡によって平和が成り立っていることを理解している人は、たわごととしか思わないでしょう。ウクライナのゼレンスキー大統領も当初は「力」を理解していませんでした。だから開戦の10日前の時点でも「我々は平和を目指し、すべての問題に交渉のみで対処することを望んでいる」と言っていました。侵略から2年経過して、ようやく「平和と安全は力によってのみ守られる」（2024年4月20日）と語っています。

ゼレンスキー大統領は、そういう意味で言うと戦犯なのです。あれだけ頑強に戦うのであれば、それを事前にプーチンに知らしめるべきでした。抑止というのは、報復する能力と意図からできあがります。そして、それだけでは駄目で、相手側にそのことを理解させる必要があるのです。

侵攻から2年たっても終わらない。ウクライナは頑強に戦っている。西欧社会はそれを支援している。そして今やロシアは国際的に孤立している。そうしたことをもし事前にプーチンにわからせていたら、プーチンは戦いをやっていないはずです。

「わからせていたら」というところが抑止の鍵なのです。ゼレンスキーはプーチンにわからせる努力をしなかった。戦時動員をかけたのが戦争勃発の2日前ですから。だから、ある意味で、戦犯なんです。

戦いが起こってからは獅子奮迅の働きをしています。戦時指導者としては十分に評価されてしかるべきです。しかし、政治指導者としては、戦いを起こさないというのが最も大事なところなのです。これはやはり、「力」というものがわかっていなかった、ということでしょうね。日本も同じ過ちを犯す可能性があります。

●日本は平和国家であるという幻想

西村　怖いのは、ウクライナを見たチャイナが、いつ台湾や日本に戦端を開くかということだと思います。今のままであれば、日本はチャイナのやることをじっと見ているだけのことになるでしょう。

織田　2024年のG7サミットでウクライナ支援の基金をつくることが決まり、日本も拠出することになりました。日本は拠出の条件を、軍事に使わないこと、としました。こんな馬鹿なことはないでしょう。

西村　偽善です。

織田　今、日本が台湾有事あるいは尖閣諸島をめぐることで中国と戦争になった場合、日本は決定的に弾薬が不足するのが目に見えています。「戦争の帰趨はロジスティクスが決める」という言葉があるように、戦争の継続は、日本の場合、各国からの武器、弾薬の支援があるということが前提なのです。いざ日本が有事になった時、「そういえば、ウクライナ戦争の時、日本は武器、弾薬の支援はしないと言ったよね。だから我々も日本には殺傷兵器の支援はしません。金も支援しますが、戦争には使わないでください」と言われたらどうするのでしょうね。「ウクライナに弾薬を支援しなかったおまえが、俺に弾薬をよこせと言うのか」という話になりますよ。まさに「情けは人の為ならず」なのです。

西村　尖閣の防衛に当たる西部普通科連隊の特殊部隊の小隊長に取材をしたことがあります。夜、弾薬がなくなる夢を見てうなされる、と言っていました。現場であればあるほど、逼迫していることがわかるわけです。

織田　決定的に足りません。いやいや、アメリカの支援があるでしょう、という、ここにまた幻想があります。日本と中国が対峙するという状況になった時には、アメリカはもっと弾薬が足りない状況になり、日本に支援どころではなくなります。

現実的に、もし支援してもらうとすれば、ヨーロッパからでしょう。NATOとは軍事物資の仕様基準が一緒ですから。そんなヨーロッパがウクライナに弾薬を支援しているところに、日本は軍事に使用される資金は拠出しない、と言い続けていて本当にいいのでしょうか。

西村　それこそは、先程からおっしゃっているタブーということの問題ですね。

織田　日本は平和国家だから武器弾薬は支援しません、というのは偽善以外の何物でもありません。

西村　日本が平和国家であるなどとは私は絶対に思いませんね。それこそは幻想です。

織田　平和国家であるなら、平和国家であるからこそ、ウクライナに防空兵器あるいは弾薬を出して戦争を早く終わらせなければいけないのです。明らかに国連憲章に違反して侵略戦争を仕掛けているのは、ロシアなのですから。しかも、平和国家なら次に起こらないように、次の平和を保つために、ということに力を尽くさなければなりません。

戦闘に使わない物資の支援、つまり、殺傷力などのない装備の移転は現在、救難、輸送、警戒、監視、掃海の5類型の目的に制限されています。これらに関しては最近、最低限は輸出できるようになりました、しかしながら紛争当事国には行いません、などと言っています。

先日もロシアのミサイル攻撃で子供病院が攻撃され、多くの子供たちが死亡しました。無辜《むこ》の民がロシアのミサイル攻撃で傷ついているのを黙って見ているのは平和国家といえません。少なくとも無辜の民が傷つかないように防空兵器を供与することは、人道支援そのものであり、平和国家としての日本の義務ともいえます。これには上記の5類型に「防空」を入れるだけいいのです。防空ミサイルは今日本で造ることができます。とりあえず自衛隊が持っているものをウクライナに支援すべきでしょう。

しかし、直接戦闘に関わる、という要件でそうしません。平和という言葉、平和幻想で金縛りに遭っているとしか言えません。

第五章

戦う名誉を奪う

私が言いたいのは、自衛隊は常に死と直面している者たちであり常に死を意識せざるをえない環境にある者たちであるということを理解していただきたい、ということである。そこが理解されているということこそが、軍人にとっての名誉なのだ。日本社会に有事の視点が欠けているために、自衛隊こそが有事の際に戦地に出動する唯一の組織であるにもかかわらず、戦地で戦うことの名誉が奪われてしまっている。（織田邦男）

●軍事にリスペクトがない日本

織田　諸外国と比べて日本がまったく異質なのは、命をかけて国を守る職業がリスペクトされていない、というところです。

西村　例えば、身近で簡単なところで言うと映画館に無料で入れたりなど、軍人、つまり軍事の、特に現場に携わる人に対する社会的な特典というのは世界中のどの国でもあるんですね。ところが日本には全くない。

織田　もう40年前になりますが、アメリカの空軍大学に留学した際、制服で渡米したんですね。ロサンゼルスの空港で降りて、当時はジャンボジェット機でしたから乗客が多くて、税関を通るのにずらりと行列ができていました。

するとと、カウンターの担当員が、私が制服を着ているのを見つけて、こっちへ来い、と手招きするのです。あなたはミリタリーだろう、並ぶ必要はない、と言うのですよ。実はこれは、ごく普通の、当たり前の話なんですね。

西村　それは実にいい話ですね。経験された方からしか聞けないお話です。日本ではそういう取り計らいはありえないでしょう。日本だけ、非常に特殊だということです。

織田　日本でそんなことがあったら、おまえ何様なんだ、という調子でブーイングの嵐でしょう。
　アメリカには軍人をリスペクトするという習慣があります。だから、徴兵制ではない志願制でも軍隊は維持されているわけです。
西村　アメリカ合衆国という国は近年ますます内部分裂の問題が深刻化していると言われていますけれども、辛うじて国が保たれている理由はそこにあるだろうと思います。
織田　アメリカにおいて、国民が一番信頼を置いているのは「軍」です。国家の最終的な砦です。
西村　政治家や議会、メディアというのは信頼度が低い。
日本の場合、未だにいろいろ問題はありますが、東日本大震災後、自衛隊の信頼度はぐっと上がりました。
織田　信頼度は上がっているのですが、だからといって、自分の息子・娘を入隊させたいかといえば、そうとは限りません。リスペクトがないとどうなるか興味深いアンケートがあります。
　アメリカ軍のＯＢと日本の自衛隊のＯＢを対象に調査したアンケートで、退任直後にとったものです。
質問は、「自分の子供を軍に入れたいと思いますか」「自分の子供を自衛隊に入れたいと思いますか」。アメリカは8割がYESです。日本は、「入れたくない」が8割でした。
自衛隊OBはもちろん、自分たちが成し遂げてきた仕事は大切で重要で価値のある仕事だと思っています。ただし同時に、子供にはこんな思いはさせたくない、と思っている。
こんな思いというのは、つまり、リスペクトされない、尊敬されない、ということでしょう。

西村　報われない、という悔しさですね。

織田　リスペクトされない組織にいるのであれば、いくら給料を上げてもらったところで、いくら手当をつけてもらったところで報われません。

西村　アメリカには「メモリアルデー」という祝日があります。毎年5月の最終月曜日です。戦死した兵士のすべてを国全体で追悼する日です。こうした記念日は日本には全くありません。
あえて言うのであれば、8月15日、終戦の日がそれにあたるかもしれません。正式な名称は「戦没者を追悼し平和を祈念する日」で日本政府が主催するわけですが、マスコミの偏向報道で、意義がだいぶ変わってきてしまっています。

織田　靖国神社に総理大臣が参拝しない、というのはそもそもおかしいことです。国のために戦って亡くなった人を追悼するのはどこの国においても常識です。それでいて総理大臣がアメリカを訪問すれば、真っ先に行くところはアーリントン国立墓地であり、フランスでは無名戦士の墓、韓国では国立顕忠院なのです。

西村　天皇陛下が親拝されるためには、今の状況を見る限り、やはり政治家がまず行かないと駄目であるように見えますね。

織田　総理大臣も行けないところに行くわけにはいかないのでしょう。毎年、細々と勅使が参向してはいますが、本当は陛下も直接行かれたいと思っておられるのではないでしょうか。

西村　皇族の方々が行かれていないということはないんです。寬仁《ともひと》親王の彬子女王などはよく参拝されています。

織田　そうしたことの原因は、基本的には中国・韓国から文句を言われているからですね。それにまんまと乗ってしまう朝毎、東京の各新聞の世論誘導といったところでしょうか。

先にも触れましたが、特攻隊をはじめ靖国に祀られている先人たちが今なお日本を守っているという事実があるわけです。それを壊したいのでしょうね。それを壊せば、非常に日本は弱くなります。

西村　楽々と侵攻できるということになる。まさにここのところを多くの人に知ってもらいたい、と思いますね。

この数年、特にひどいと思うのは、8月15日が近づくと流れ始めるテレビのドキュメンタリーです。ＮＨＫを筆頭に地上波の各テレビ局は、日本がいかにひどい戦争をやったか、日本がやった戦争はいかに悪であるか、そういう一方的なメッセージで組み立てられた番組をこれでもかこれでもかと放送します。

大東亜戦争の後にアジア諸国、アフリカ諸国の独立が次々に実現した理由はどこにあるのか、大日本帝國の対外政策にこそ理由が見つかるのではないか、などといった視点はどこにもありません。

織田　インドはなぜ独立できたのか、などは終戦特集だからこそやっていただきたいテーマですけれどもね。

西村　インドネシアがなぜ１９４５年の8月17日に独立宣言したのか。そういう番組をこそやるべきです。

●アメリカの軍事リスペクトの感覚

西村　織田さんは、トム・クルーズの映画『トップガン』、２０２２年の新作の方の『トップガン マーヴェリック』ですね、それを3回ご覧になった。

織田　4回です。（笑）

西村　ジェット戦闘機のパイロットの経験がなければ絶対にわからないシーンがある、とおっしゃっていました。

織田　出撃の前に、トム・クルーズ、主人公のマーヴェリックですね、彼が戦闘機の外部点検を実施する際、機首のノーズコーンを軽く触るシーンがあるんですよ。何気ない仕草なんですが、パイロットの心理をよく描写しているなあって。頼むぞと願うような気持ち、つまり、人馬一体ならぬ、人機一体なんですね。

搭乗のたびに必ず触るんです。この映画の演技指導はたいしたものだと思いますね。普通ではわからない。ちょっとした仕草なのですが、プロフェッショナルの琴線に触れる演技が積み重なっているから面白い映画になっているのだと思います。

アメリカの軍事をテーマないしモチーフにした映画は本当によくできています。時代考証も正確ですね。

実は『トップガン　マーヴェリック』には、私も知らなかったことがひとつ出てきていました。空母のカタパルトから離陸する時、トム・クルーズの右手が操縦桿を握っていなかったんですよ。最初、これはおかしい、と私は思いました。

ところが、聞いてみると違うのです。カタパルトから射出される瞬間には、後で触れるように、操縦桿を握っていてはいけないんです。離陸した瞬間に、トム・クルーズは操縦桿を握る。あの映画は、そこまで映し出しているわけなんですね。映画の撮影の際、トム・クルーズは、実際には後席に乗っていて、操縦しないから操縦桿を握っていないのではないか、と最初私は思っていました。

『トップガン　マーヴェリック』の字幕と吹き替えの監修を担当した、私の3つ先輩のF－15戦闘機パイロットである永岩俊道元空将とお会いした時、操縦桿を握っていないではないかと言ったら、永岩さんがこう言うんです。「違うんだよ。米海軍は、カタパルト発進の衝撃で何回も事故を起こして何機も海中に落としている。原因はパイロットが操縦桿を握っていたことによる。だからカタパルト発進の瞬間は、操縦桿を握っていないのだ」と。

西村　本当に細かいところまでよくできている。細部をおろそかにせずに描くというのは、アメリカの、軍事に対するリスペクトのなせる技だと思いますね。

織田　私はちょうど70年安保の年に防大に入りました。自衛隊員が面と向かって「税金泥棒」と罵られるのが半ば当たり前のような時代でした。

心の支えになったのは、やはり戦中派の親の言葉です。誰が何と言おうと、国のために、国を守るために働くことは素晴らしいことだし大切なことなのだ、とお袋がよく言っていました。

ワシントンなどに行けば軍人が制服で街を歩いているのは当たり前の光景です。制服で街を歩き、カフェテラスでコーヒーを飲み、ハンバーガーを食べるというのは日常の風景なのです。

西村　街中に軍服の姿がない日本というのは本当におかしいのです。

●的が外れている自衛隊訓練事故批判

織田　２０２４年、令和６年の５月30日、陸上自衛隊の北富士演習場で手榴弾投擲訓練中

に当時29歳の男性2曹が殉職するという痛ましい事故がありました。爆発した手榴弾の破片が隊員に当たったのです。

マスメディアやネット上では、自衛隊の事故が起こるたびにおしなべて同様なことが繰り返されます。ずさんな訓練、たるんだ組織、これで有事に戦えるのか、といった批判が先に立ち、トップが頭を下げ、訓練が中止されます。今回の手榴弾投擲訓練中事故でも、森下泰臣陸上幕僚長が事故当日に記者会見し、「このような事案は、武器を扱う組織としては、決してあってはならないものであり、陸上幕僚長として非常に重く受け止めております」と述べ、安全が確認されるまで陸上自衛隊の一切の実弾射撃訓練を中止する、と発表しました。

西村　事故は事故として十全に対応しなければならないのは当然のことですが、私が感じるのは不気味な冷たさです。

織田　自衛隊は戦う組織です。しかし、殉職者が出た時の対応には、有事という観点も、常に死に直面しているという自衛隊員の特性という観点も、まったく抜け落ちているのです。これは大きな問題です。

現役時代に、アラスカで実施される「レッド・フラッグ・アラスカ」と呼ばれている多国籍演習にオブザーバーとして参加したことがあります。空自も戦闘機を派遣するようになるのですが、この時は空自F－15を派遣するための事前調整のために行きました。

その際、イギリスの空軍機が演習中に山に激突してパイロットが殉職するという事故に遭遇しました。この事故直後の、イギリス空軍の対応に、私は大変感動しました。

イギリス空軍の同僚たちは、キャンプファイアのような火を囲んでセレモニーを行いました。皆で酒を飲みながら、故人を偲び、鎮魂の歌を皆で歌ったり、スピーチをしたりするのです。それも夜通しでです。そして、翌日には何事もなかったように多国籍演習が続けられて、イギリス空軍の将校たちもスケジュール通りに訓練に参加する。

これが軍隊というものなのだ、とつくづく思いました。地元のメディアも、まず、殉職者の栄誉を称えることから報道を始めていました。トップが頭を下げることに追われ、即訓練中止の対応がとられる日本とは大きく違います。

2024年、令和6年4月に小笠原島付近の太平洋上で起きた海上自衛隊のヘリコプター2機の衝突墜落事故も同様でした。ただし、木原稔防衛大臣は、歴代のトップとは少し違った、いいことを言っています。「このような事故は痛恨の極みだ」「点検、操縦者教育、適切な指導の徹底を指示する」といったいわゆる定番の表明に加え、次のように言いました。「訓練の頻度を下げて運用能力を向上させないまま有事があった場合には、なおいっそう危険性が増すことにつながる。訓練をして十分に練度を上げたうえで有事に備えることが必要だ」。

つまり、すぐにでも訓練は再開されなければならない、ということを言っています。このスピーチを聞いて、少しは日本も軍事の常識に近づきつつあるんだと感じました。

西村 この事故では、位置情報共有システムが盛んに取り沙汰されました。衝突当時、2機は互いの位置情報などを電波で共有するシステムで結ばれていなかった、だから衝突した、凡ミスではないか、とマスメディアで批判されたんですね。

織田 位置情報共有システムは空中衝突防止のための一つの安全装置です。パイロットの判断を支える支援システムです。

このシステムが故障していたかどうかはわかっていません。ただし、使用されていなかったのは確かです。ここには何かの理由があったのでしょう。

肝心なことは、位置情報共有システムはパイロットの判断支援のシステムであって、これが作動しなければ直ちに任務中止となるような代物ではない、ということです。もし、有事の際、位置情報共有システムが故障していたら任務をやめるのか、という話です。

各種の安全支援システムは、私が乗っていた戦闘機にも搭載されています。しかし、それが有事の場合、もし故障したとしたら、任務を中止するのかといったら、そうとは限りません。もちろんケース・バイ・ケースですが任務最優先が念頭にあるはずです。

位置情報共有システムに関する批判は、有事という視点がまったく欠けている、表層的で、為にする批判です。

西村　なぜ欠けているのかといえば、日本に有事というものはない、という間違った前提を後生大事にしているからです。

織田　自衛隊の訓練は、常に有事を想定した訓練である、という認識がマスメディアを含め一般に全くないわけです。そもそも有事などないと思っている節がある。

西村　だから、理解ができない。

織田　衝突防止をはじめ各種安全装置が仮に故障していたとしても、先ほど言ったように、直ちに任務を中止するというわけにはいきません。有事では、任務遂行が最優先ですから、安全システムが完全に確保されていなくても、代替手段で任務は継続されなければなりません。さらに、代替手段がない場合であっても、最終的には隊員の勘と経験で任務を遂行することだってあり得るのです。訓練は、当然ながら、そういった不測の事態への対応も含めてやっています。
さらに、今回のヘリコプター衝突墜落事故のあった訓練は、「部隊技量を評価する査閲」としての訓練でした。「査閲」とは、指揮官が部隊の練度を確認する、ということです。有事の際には「査閲」に合格した部隊のみが戦地に派遣されます。

従って「査閲」の訓練というのは、有事を想定した、最も厳しい状態で実施される訓練なのです。つまり、仮に位置情報共有システムが故障していたとしても、有事なら何としてでも任務を遂行しなければならない。任務とはそういう厳しいものです。今回の事故のあった訓練に関して、海上自衛隊トップの酒井良海上幕僚長は、「通常よりも実戦に近い訓練」と表現していました。

こうした事実と事情を無視して無責任に批判するのも、どうかと思います。有事の視点が欠けているということは、すでに触れましたが、自衛隊を実力組織、戦う組織としてみなしていない。つまり、自衛隊こそが唯一、有事の際に戦地に出動する組織であるにもかかわらず、戦地で戦うことの名誉を奪ってしまっていることに他ならないのです。

●身近に常に死があることへの理解不足

織田　日本の公務員は、職務に従事する際、かならず「服務の宣誓」を行うことになっています。自衛隊員ももちろん行います。宣誓文は次の通りです。

「私は、我が国の平和と独立を守る自衛隊の使命を自覚し、日本国憲法及び法令を遵守し、一致団結、厳正な規律を保持し、常に徳操を養い、人格を尊重し、心身を鍛え、技能を磨き、政治的活動に関与せず、強い責任感をもつて専心職務の遂行に当たり、事に臨んでは危険を顧みず、身をもって責務の完遂に務め、もって国民の負託にこたえることを誓います」

他の公務員の宣誓文と決定的に異なる部分があります。「事に臨んでは危険を顧みず、身をもって責務の完遂に務め、もって国民の負託にこたえる」という部分です。自衛隊の任務は死を意識せざるをえない、ということです。警察官や消防隊員の宣誓文にも、これに該当する部分はありません。

私は、空自の戦闘機操縦過程を卒業後、最初に赴任したのが小松基地の第6航空団でした。昭和52年の4月1日に着任したのですが、この日付を覚えている、というよりも忘れることができないのです。それには理由があります。

着任したら、まず団司令に対して赴任の申告を実施するのですが、その場に、沖縄から転勤してきた、イニシャルで失礼しますがIさんと同席しました。IさんはF－104戦闘機2000時間を超える操縦経験を持つベテランパイロットでした。ところが、着任した3日後の4月4日、Iさんは日本海で殉職されました。私の小松基地での最初のフライトは、Iさんを捜索するフライトだったのです。

数年後には、今度は同じ官舎に暮らすF－4パイロットのMさんが殉職されました。対艦攻撃訓練中の事故です。

身近に常に死がある。それは、私たちにとっては宿命です。自衛隊員は生半可な訓練は行なっていません。有事の際に赴かなければならない実戦場裏は、食うか食われるかの世界です。任務を全うするためには、実戦状況に限りなく近い厳しい訓練で戦闘技術を磨かねばなりません。訓練でできないことが実戦でできるはずはないのです。

1982年にフォークランド紛争が勃発しました。イギリスとアルゼンチンの間に起こったフォークランド諸島の領有権争いですが、出撃したイギリス軍の操縦者と話をしたことがあります。イギリスの勝利で終わりましたが、たいへん厳しい戦いだったと言っていました。しかし、訓練の方がもっと厳しかったというんですね。訓練時の殉職者もずいぶん出ていたようです。私たちには、訓練で流す汗の量は戦場で流す血の量に反比例する、という言葉があるのです。

私が言いたいのは、自衛隊は常に死と直面している者たちであり、常に死を意識せざるをえない環境にある者たちであるということを理解していただきたい、ということなのです。そこが理解されているということこそが軍人にとっての名誉なんですよ。

死が怖くないのか、と言えば、もちろん怖いです。たとえば飛行隊長といったような指揮官職に就くようになってくると、死に対する恐怖、臆病さというものが格段に増してきます。若い頃は、「空」への思いが「死の恐怖」に打ち勝つようなところがあり、空に事故はつきものなので、もしそうなれば死ぬこともやむをえない、と安易に考えたりしていました。しかしこれは若気の至りです。

結婚をして家庭を構え、子供を持つような年齢になる、ということは技量も判断力もベテランの域に近づいていくということなのですが、それに比例するように死に対する恐怖、臆病さ、慎重さというものが出てくる。自分自身の死だけでなく、部下の死が関わってくるからです。指揮官にとって、部下の死は何よりも耐え難い。

その一方で、臆病さにつられて、安全性を最優先した訓練、事故の可能性のほとんどない訓練を行うことも可能です。ですが、厳しい訓練を避けてしまえば、部下は強靭な操縦者には育ちません。そして、それは有事の「戦死」を、そして「敗北」を意味するのです。戦場では予測不能なことが必ず起こります。どんな状況に遭遇しても臨機応変に対応できる強靭な操縦者を育成するためには、安全管理優先の訓練をこなすだけでは不十分で、時には「管理された冒険」というものが必要になります。

事故を限りなくゼロに近づける訓練は可能ですが、実戦に役に立たない操縦者や飛行隊を育てるのは本意ではない。そういうジレンマに私は悩みましたし、指揮官職に就く人はみな、同様に悩み続けているはずです。

飛行隊長として赴任するにあたって、私は、単身赴任を考えました。子供が中学生になる頃なので高校受験も考慮し、その教育環境のため、という思いもありました。けれども、私はあえて、家族帯同で飛行隊長に赴任しました。万が一、部下が殉職した場合、その家族の精神的ケアが必要になります。ここのところの面倒まで国は見てくれません。家内の助力が必要になる。まさかの時を考えて家族帯同を決心したわけです。

幸い、万が一は起きることなく済みました。私の場合、退職するまで一人の部下の殉職者も出さずに済みましたが、それは幸運というものです。私たちの仕事は、死の重みから解放されることはありません。退官した時に初めて感じた安堵感と達成感は、言葉では言い尽くせないものがありました。

西村　訓練においてぎりぎりの運用を行なっていれば、当然、事故になる可能性は高くなるということです。なぜ過酷でなければならないのか、何のための過酷なのか、特にマスメディアはそういう部分に全く注目しません。

防衛費の問題も同様だと思います。予算の問題も、別に新しい装備を揃えるといったことではなく、ぎりぎりの訓練の運用を最大限に支援する目的もそこにはあるわけです。

織田　日本の社会には、有事を想定するという習慣がない。それがすべてでしょうね。

●軍法と軍法会議が存在しない日本

西村　2021年にアメリカがアフガニスタンから撤退しました。それは現地で殉職した兵士たちの帰還でもあるわけです。そして、彼らの故郷が、地域ぐるみで殉職兵士たちを迎えて追悼の式典を大々的に行う様子が動画サイトなどにたくさん残されています。

日本の現状と比べるとやはりだいぶ違います。例えば２０１８年に起きた九州、佐賀県の陸自ヘリ墜落で2名が殉職した事故において行われた部隊葬の、自衛隊員が並んで敬礼して見送る様子の写真を西日本新聞だけが掲載しました。私が気になったのは、地域では事故がどのように扱われているのか、ということでした。

例えば、２０１１年の沖縄での、川久保裕二3佐が殉職したF‐15J戦闘機墜落事故では、当初、戦闘機が消息を絶った、行方不明になったということで、まず地域から抗議が起こされているわけです。

織田　もちろん事故は起こらない方がいいに決まっています。ただし、普通の人間が事故を起こすのと、自衛隊員が訓練時に事故を起こすのとでは意味合いが違う、ということはしっかりと理解してもらう必要があります。それが一緒になってしまうところに問題があります。

それはつまり、自衛隊の、言ってしまえば軍の活動というものを認めていない、ということであり、国を守るための訓練の必要性を認めていない、ということに帰着します。そこから、ずさんな訓練、たるんだ組織、といった悪口雑言が、自衛隊が事故を起こした時にまず発せられる常套句として出てくるわけです。

自衛隊を一般行政組織と全く同じように見よう、扱おうという傾向が、最近とみに強いように思えます。ハラスメントの問題はその典型でしょう。

西村　社会全体がハラスメントに敏感になっています。相手をつぶす道具としてハラスメントを徹底的に利用してやろうという風潮が蔓延しているんですね。それが同調圧力になって官公庁に及び、自衛隊に回ってしまっているという感じです。

織田　ポリコレが軍の組織にまで及んでいるわけです。アメリカもその傾向はありますが、アメリカ軍はまだ、国民が支えています。軍は最も信頼できる組織である、というのは変わりません。アメリカは今、分断された社会ですが、それは変わらず、軍はやはりアメリカの最後の砦です。

自衛隊と一般行政組織とを、なぜ同様に考えてはいけないかというと、価値観が違うからです。価値観が違う組織において、同じ価値観で一律に裁くということには無理があるし、間違っています。

日本には軍法がありません。軍法がないので、軍法会議もありません。つまり、これは、世界各国が常識としている軍事組織と他組織との価値観の違いを日本は認めていないということに他なりません。

例えば、軍におけるハラスメント、例えばセクシャル・ハラスメントは他の組織以上にもっと厳しく律する必要があります。しかし、パワー・ハラスメントの類についてはどうでしょうか。訓練中に部下隊員を怒鳴り上げる。死ぬか生きるかのような訓練を行なっている時に、叱咤激励として「馬鹿野郎おまえ何をやってるんだ」と尻を蹴り飛ばす。こういうことは軍の訓練ではありうるわけです。生死の境にあるような現場まで、一般で言われているパワー・ハラスメントが当てはまるのか、または、当てはめていいのか、ということです。

●最高指揮官たる総理大臣の気概

西村　確かにそこにあるのにないものになっている、ということがやはり問題で、有事あるいは戦いの現場というものが日常生活と隣り合わせにあるということを今の日本人は意識できません。というより、意識しないようにさせられているわけです。だから、街の中で自衛隊の制服を見ることはない。

織田　自衛隊は、現行憲法制定当時、存在してはならない組織でした。それでも軍は必要悪だ、と言っていた人もいます。売春と軍隊は古代からの必要悪であるとよく言われますけれども、それは、軍の必要性を認めているからまだいいのです。

しかしながら、日本の憲法学者の6割は、未だに自衛隊の存在自体が憲法違反だとしているわけです。だとすれば、憲法違反の組織が事故を起こすなどはとんでもないことだということになるのは当然でしょう。

西村　憲法9条は机上の空論に他なりませんが、憲法の中でもそれだけが何か支配的になってしまっています。それが一般の世論に影を落とし、強い影響を与えています。

織田　危惧されるのは、事故に対する認識、死に対する認識が、一般行政組織のそれとますます一緒にされ続けていくということです。いくらでも訓練を軽くすることはでき、事故をゼロに近づけることはできます。ですが、役に立たない飛行隊を作っても仕方がなく、むしろ国家の危険を招来することになりかねません。

西村　小笠原沖の海上ヘリの「査閲」訓練についても、まさにチャイナの脅威、中国共産党の対外政策があるからこそ、あれだけ厳しい訓練を行う必要があるわけです。そういうことがなぜ社会常識として理解できないのかが不思議です。

織田　海上ヘリ2機衝突事故において、群司令は事実上、更迭されました。

西村　それは防衛省の内局が告示するわけですね。

織田　海上幕僚監部が懲戒処分などの下作業をやりますが、内局が事実上の人事権を握っています。内局が決定すれば、大臣でもそれを覆すのは難しいでしょう。

西村　第2次政権時代、安倍さんが将官クラスの人たちを頻繁に官邸に呼んで話を熱心に聞いていたのも、そういうところの改革を目指していたんですね。自衛隊の現場の情報と知識をあれだけ頭に入れようとする首相の存在は画期的なことでした。

先日、２０２４年の令和6年4月に靖国神社の宮司に就任した元海将の大塚海夫さんに久しぶりにお目にかかったのです。第2次安倍政権時代に大塚さんは海上自衛隊幹部学校の学校長を務められていて、やはり官邸に呼ばれたそうです。

安倍さんは疲れていて睡眠不足のように見えた。説明をしていて、居眠りしているな、と思ったのだそうです。ところが、次に会った時、その時の話をすべて覚えていて内容を正確に把握していることがわかり、とても驚いたのだそうです。あの人はすごい人だ、とおっしゃっていましたね。

織田　基本的に頭のいい人なんですよ。岸信介の孫ですからね。

西村　将官の立場からしても、話を首相に上げる甲斐というものがありますよね。

織田　首相自身に、自分は自衛隊の最高指揮官である、という自覚があれば、当然、現場の話を聞きますし、勉強もしますよね。ところが、現岸田政権にはそれが薄いように感じています。自衛隊関係者を官邸に呼ぶ回数は、安倍政権時代に比較して10分の1だと聞いています。民主党政権時代の菅直人首相などは、自衛隊の高級幹部会合の席上、「ここに来る前に六法全書を見てみたら私がどうやら最高指揮官ということがわかった」と挨拶したらしい。

西村　鳩山由紀夫元首相に至っては、就任後最初の観艦式に出席しなかった。

織田　防大の卒業式に顔を見せなかったのは、第79代首相の細川護熙さんでしたね。歴代の首相の中には、平服で来た人もいます。軍人の栄誉をずたずたにすることに全く抵抗がないのです。

西村　やはり安倍さんは突出していましたね。

織田　異質の指導者でした。

西村　チャールズ・フリン米太平洋陸軍司令官にインタビューしたばかりの人に聞いたのですが、安倍さんを絶賛していたそうです。非常によくわかっていて、すべてうまくやっていた指導者だ、という評価で、暗殺されていなければウクライナ戦争を止めることができていたのではないか、とまで言っていたそうです。

織田　軍事に対する政治の優越をシビリアン・コントロールと言いますが、シビリアン（文民。軍人ではない人）は軍事音痴であって当たり前なんです。勉強していないのだから。しかしながら、政治と軍事のバランスはとても大事で、そのためには、シビリアンが軍事を学んでもらわなくては困るのです。

西村　内局にそういう姿勢がないというのは、自分たちがすべて采配しているという奢りがあるからでしょう。

織田　防衛大臣が話を聞く相手は、そもそも内局、つまり防衛省の官僚であり、自衛隊の制服組から直接話を聞くことはめったにありませんでした。というより、制服を表に出さないようにしていた。それが軍事に対する政治の優越だと勘違いしていたのです。それが大きく変わったのは安倍政権からです。

２０００年代にイラク派遣がありましたね。小泉政権時代です。私は防衛部長でしたから、頻繁に官邸に呼ばれました。制服が官邸に呼ばれるなどはきわめて珍しいことでしたから、新聞記者に取り囲まれて、どうしたんですか、何があったんですか、と質問攻めにあいました。

つまり、安全保障に関して内閣でわからないことがあると、それまでは防衛省の内局、つまり官僚に話を聞いていたわけです。防衛局長を官邸に呼ぶ。局長といったところで財務省から来た人であったりするわけですから、そもそも軍事の専門的なことはわからない。内閣の要請に応えられるわけがありません。だから防衛局長は、事前に、にわか勉強のような形で私たち制服に聞いて勉強する。その結果、いわば伝言ゲームみたいなことが、繰り返されてきたのです。

官僚も現場を知りませんので、私たちの話を理解するまで非常に時間がかかる。理解したとしても生半可です。完全には理解していない官僚が、それを自衛隊の最高指揮官たる総理大臣に伝える。おかしな話ですが、こんなことがまかり通っていた。それを崩したのが安倍さんだったのです。

●自衛官の制服の姿がない日本の国会

西村　世界中どこの国の議会でも見られる風景と日本の国会の風景で、大きく違うところがあります。特に安全保障上の問題が審議される時、つまり審議会や公聴会ですね、そういった場合には世界各国、必ず軍人、将軍クラスの人が議場に入ります。これは日本の場合、絶対に見られない風景なんですね。

織田　軍から、いわゆる作戦運用の話を聞きたい時には、アメリカなどはやはり直接指揮官を議会に呼びます。インド太平洋軍司令官は、インド太平洋地域で一番の指揮官ということになるわけですが、議会に呼んで質問する。例えば中距離ミサイルをどこに配備すべきか、司令官に直接聞いています。現地の司令官としては第1列島線に配備してもらいたいといった要望を議会で述べる。そういう議論を経て、最終的に大統領が決心するわけです。

西村　日本の場合、国会議員の中にも何か拘りのようなものがあるのでしょうか。

織田　旧日本軍の悪影響だと思いますね。軍の将校が国会で説明している時、激しいヤジが飛び、これに対し「黙れ！」と一喝した事件がありました。それとやはり、軍が独走したという過去の苦い経験がそうさせるんでしょうね。

西村　だからといって、機能させるべきところで組織を機能させないというのはおかしな話です。国家運営の根本的な部分の問題です。

織田　統帥権を誰が持っているのか、という点は、戦前の日本軍と自衛隊との大きな違いです。自衛隊の一切を決めるのは、最高指揮官たる総理大臣です。総理大臣がそれ相応の知識と情報を得て最終的に決めるのです。

戦前は、用兵や作戦計画などに関わること、つまり軍令について内閣は容喙《ようかい》できなかった。だから軍の独走を許した、という反省があります。それがトラウマとなって、制服には議会で発言させない、証言させない、ということでしょうね。

西村　議会に制服の姿がないというのは不思議な光景だな、と私は昔から思っていたのです。

織田　本当のところは、議員さん達は、みな安全保障に興味を持っているはずなんです。率直に聞ける状況を整備すればいいだけの話です。忌憚のない意見と情報をすべて把握した上で最高指揮官たる総理大臣が決める、ということですからね。安倍さんがいくら熱心に官邸に制服を呼んでいたといっても、制服の意見がすべて取り入れられたわけではありません。

菅《すが》政権は1年程度の政権でしたが、一度、あるジャーナリストの方が密かに菅さんに陸海空のOBを会わせようとしたことがありました。結局は実現しませんでしたね。

西村　菅さんは全然その気はなかったということですね。

織田　食事をしながら話をするくらいのことは別に何でもないと思いますけれども、ＯＢとはいえ制服組と直接会っているということ自体を危惧する、といった風潮が未だにあるのでしょう。

●有事の無理解から生じる抗議と非難

織田　自衛隊の海上での訓練事故というのは本当に大変なのです。１カ月捜索しても何も出てこない。先に触れたＭさんのＦ－４の海面激突事故では、２カ月後にようやくヘルメットが発見された。それに肉片が付着していて死亡認定ができた。

こういったことは、私たちの宿命だと思っています。これを宿命だと思わなければいけない状況におかれるのが自衛隊員という存在だという認識を国民のみなさんには共有していただきたい。軍人の名誉とはそういうことです。

西村　２０１１年７月の川久保裕二３佐のＦ－15墜落事故の時には菅直人内閣でした。東日本大震災の４カ月後で、自衛隊の半分が震災対応に動員されていた最中でした。非常に運用が難しい時期に起きた事故だったわけです。

その時に沖縄県の職員が、「航空機事故は一歩間違えば県民の生命、財産にかかわる重大な事故につながりかねない。墜落という重大な事故が発生したことはまことに遺憾であり、事故が再発しないように徹底した原因究明を求める」というメッセージをまず出しました。当時、翁長雄志《おながたけし》氏が那覇市長を務めていましたが、翁長氏は那覇基地を訪れて、行方不明の状況にあった川久保さんの安否を気遣うどころか、F－15飛行の安全を確保しろ、と抗議しました。

織田　これが日本の現実です。これがアメリカだったら、どうでしょうね。

東日本大震災という災害がありました。大災害が起きれば、自衛隊が大規模に動員され、その結果、軍の運用には空白ができます。

今、ロシアはウクライナで戦争を実施中です。陸軍を全国各地からウクライナに投入しているから、極東ロシア軍の陸軍戦力もゼロに等しい。ロシアにとって極東は力の空白になっているという危機感がある。だから今、極東では、これを埋め合わせしようとロシアの航空活動が盛んなのです。力の空白に隙が生じるというのは常識です。そう考えた時に、日本は抑止をどう保たなければいけないのか。東北で大災害があったとすれば、特に南西正面が手薄になり、力の空白が生じると相手は考えるでしょう。であるからこそ、沖縄の守りは、逆に盤石である、というふうに対外的にアピールしなければいけないのです。
　沖縄での訓練の重要性はそういう意味でもある。にもかかわらず、沖縄からは抗議と非難の声が上がる。普通の国であれば、感謝と応援の声以外は上がりません。

西村　だからといって、こちら側から声を上げるわけにはいかない。

織田　制服つまり自衛官は、文句は言えません。特に政治に対して文句を言うことはない。じっと我慢するしかない。つまり、自衛官は、言い訳もできないし真実も語れない存在だということです。

西村　そうした中であれば、本当の事故原因の究明が果たしてできるのか、という問題も出てくるのではないでしょうか。

織田　それはきちんとやっています。ただし、すべてを公表するかというと、そこは違うかもしれません。軍事を理解しない政治家に政治利用されるような部分は取捨選択するということはあるでしょう。もちろん安全保障上、公開すべきでない部分は公開しない。
　これはある意味、国民にとってはマイナスになり得る面もありますが、安全保障上の考慮が、ある程度優先しますから、やむをえない面もある。

西村　バイアスがなければすべて公表できるということです。

織田　軍事知識のないことを棚に上げて無責任な批判ばかりを繰り返すのではなく、政治やマスメディアが注目すべきなのは、中国や北朝鮮の動きから、近年さらに増加している任務の増大、それから生じる訓練量の不足、隊員の疲労の蓄積度合い、実員不足による加重勤務の実態、そういうところのはずなのですが、現実は違う。

西村　物流の2024年問題がクローズアップされてトラック運転手の過労といったことは大きく話題になるのに、どうして自衛官の就労環境については少しも話題になることがないのか、不思議で仕方がない。

それから、例えば、航空機の運用に関しての整備時間が圧縮されてしまうということもありますね。

織田　部品が足りない。足りないからぎりぎりまで使い、壊れた時に交換する。これをオン・コンディション整備と言います。従来はそうではなく、予防整備を原則としていました。簡単に言えば、壊れそうになったら、壊れる前に交換するということです。そうした整備は理想的ですが、予算が十分なければできない。近年は予算不足で、予備部品をあらかじめ十分に購入しておくという訳にはいきませんでした。

たとえば、一般的にはタイヤはパンクしてから交換します。ところが戦闘機の場合は、パンク自体がとんでもない事故を引き起こすことがある。パンクしそうだ、という時にはすでに交換されていなければなりません。だが予算がなければそういう訳にも行かなくなる。

自衛隊は、自分たちに与えられた状況がたとえ劣悪であっても、文句を言わずに黙々と努力することを美徳としています。それは確かに美徳ではありますが、同時に、弱点でもあるわけです。

それを指摘するのがメディアであって、改善するのが政治だと思うのです。当たり前のことなのですが、日本ではそうなっていない。

西村　織田さんが今まで接した人たち、特にマスメディアの人たちの中には、ちゃんとわかっている人もいるのではないでしょうか。

織田　少数ですが、確かにいます。朝日新聞にいた人の中にもいらっしゃいますよ。峯村健司さんのような方はよくわかっておられる。彼の書いていることはきわめて正論です。だから朝日新聞にいられなくなったのだと思いますけれども。（笑）

西村　これは朝日新聞の記者時代ですが、ＬＩＮＥというＳＮＳアプリの個人情報保護不備のスクープを取材してトップ記事にしたのが峯村さんでした。

織田　ラジオに一緒に出たことがありますが、情報を入手するのに死ぬ思いをしたと言っていましたね。特ダネでした。朝日新聞の良心でしたね。

●憲法が認めない「交戦権」の本当の意味

織田　憲法9条をあらためて見てみると、

日本国民は、正義と秩序を基調とする国際平和を誠実に希求し、国権の発動たる戦争と、武力による威嚇又は武力の行使は、国際紛争を解決する手段としては、永久にこれを放棄する。

② 前項の目的を達するため、陸海空軍その他の戦力は、これを保持しない。国の交戦権は、これを認めない。

と書いてあります。中心の問題は②の第2項です。

以前、『正論』に書いたことがありますが、「交戦権を認めない」あるいは「交戦権がない」とはどういう意味か。これについては、これまでほとんど議論されていません。

交戦権とは戦う権利のことだと誤解している人が多いのです。日本には戦う権利などな

い、だから戦ってはいけない、などと声高に叫ぶ人もいるのですが、それは間違っていま
す。防衛白書には、次のように書いてあります。

憲法第9条第2項では、「国の交戦権は、これを認めない。」と規定しているが、「ここでいう交戦権とは、戦いを交える権利という意味ではなく、交戦国が国際法上有する種々の権利の総称であって、相手国兵力の殺傷と破壊、相手国の領土の占領などの権能を含むものである。」

つまり、交戦権とは戦う権利のことではなく、「戦う時に国際法によって定められた権利の総称」なのです。国際法はどうなっているかというと、たとえば、侵略軍の兵力は殺傷してもいい。ジュネーブ条約に定められた権利です。

しかしながら、防衛省は防衛白書で、交戦権の説明に続いて、自衛権行使との関係についてこう書いています。

「一方、自衛権の行使にあたっては、わが国を防衛するため必要最小限度の実力を行使す

ることは当然のこととして認められており、例えば、わが国が自衛権の行使として相手国兵力の殺傷と破壊を行う場合、外見上は同じ殺傷と破壊であっても、それは交戦権の行使とは別の観念のものである。ただし、相手国の領土の占領などは、自衛のための必要最小限度を超えるものと考えられるので、認められない。」

自衛権行使は認められている、と書いてありますが、自衛権行使にあたって、交戦権がなければ、「相手国兵力の殺傷と破壊」は、どういう根拠をもって行われるのか。これについては「別の観念」というだけで具体的に書いてありません。これまでごまかしてきたのです。

自衛隊が自衛権行使ということで出動して、相手の戦闘機を撃ち落とすとします。この根拠が交戦権でなければ何なのか。自衛権の行使も、他国は交戦権という「国際法によって定められた権利」を行使することによって行われるわけですが、我が国の場合、交戦権は憲法によって認められていない。ならば、いったいどういう根拠で自衛権行使のための武器使用ができるのか。まさか正当防衛の「違法性阻却事由」を持ち出すんじゃないでしょう。実はここが、未だに議論されていないのです。

日本国憲法の公布以来、戦いというものの経験がなかったので、ある意味、考えなくて済んできたわけですが、いよいよ尖閣有事が起こり、相手の戦闘機を撃ち落とした、などということになれば、この問題はパンドラの箱を開けたような大問題となります。必ずや、日本国内の左翼弁護士が当該の自衛隊員を殺人罪で訴えてくることでしょう。交戦権がないのに撃ち落としたのは殺人ではないのかと。

殺人罪で訴えられれば、判決がどうなるかを問わず、判決が確定するまでの間、当該自衛隊員は休職です。これが、今の日本を最前線で守るために命をかけて戦う人たちがおかれている現実です。本当にこれでいいんでしょうか。少なくとも侵略者の撃退を、国際法に規定されている権利として、胸を張って堂々と実施できるようにする必要があります。

西村　２０１７年、平成29年の５月３日、つまり憲法記念日に当時安倍首相が、日本国憲法を改正して第９条に第３項を加えて自衛隊の存在を明文で位置付ける考え方を公表しました。

つまりは第2項をいじらないということでしたから、これには私は非常に不満でした。三島由紀夫が、自決する1年前に、ジョン・ベスターというアメリカ人の日本語翻訳家にインタビューを受けて、交戦権の否定は日本人に死ねというのと同じことだ、と言っています。

織田　そこは、実は、防衛省の内局や官僚にとってはどうでもいい話らしいのです。交戦権がなくても我々には自衛権がある、という理屈です。

しかし、それは、引き金を引かずに済む人たちの理屈なのです。自衛権行使による武器使用を、交戦権がなくてどうしてできるのか。引き金を引く私たちのような立場の自衛隊員が最も敏感に、そして常に自問自答しているところの問題です。

撃って相手を殺したとします。相手を殺すということが何かしらの根拠によって認められているということが「権利」ということです。ジュネーブ条約には、それがちゃんと書かれています。交戦権を認めない、ということは、その権利は使えないということですから。

西村　日本の法体系の中で自衛権が定義されているのかといえば、それは定義されていませんよね。

織田　ごまかしているのです。先に掲げた防衛白書の自衛権の説明文章を読めばわかると思いますが、これはもう明確にごまかしています。「外見上は同じ殺傷と破壊であっても、それは交戦権の行使とは別の観念のものである」と防衛白書には書いてありますが、「別の概念」とは何かが書かれていない。つまり敵の、敵国の兵力の殺傷がいかなる根拠に基づくか。それを「自衛権行使」という言葉でごまかしているのです。

ここはほとんど議論されておらず、したがって、これに答えられる官僚もいないでしょう。だから、国会で質問があったとしてもごまかすだけであり、たとえ安倍さんでも言葉を濁して答弁する以外にないのです。

殺傷というのは殺すことであって犯罪だけれども、祖国防衛のためにそうするのであれば罰せられることはないはずだ、だからいいのではないか、といったいい加減で安易な調子で、政治家は済ませている。私たちのような引き金を引く側の視点が全く欠けているのです。

戦後、ここが問題になるような事案はまだ1件も起きていません。だからこそないがしろにされてきた大問題です。

西村　1件も起きていないということが幸なのか不幸なのか全くわかりませんね。20年前から30年前であれば事が起きても有耶無耶《うやむや》にすることはできたかもしれませんが、今は確かにできないでしょうね。ずる賢くなった左翼も増えているようです。

とにかく現場の人間にとっては耐え難い問題ですね。言ってしまえば、自分の仕事には法的根拠がない、ということですから。

織田　1970年、昭和45年に瀬戸内シージャック事件と呼ばれている事件が愛媛県で起きました。警察官が狙撃して犯人は結果的に死亡しました。

数十名の人質をとって銃を乱射している犯人に対しての狙撃で、たまたま当たりどころが悪くて死んでしまったわけですが、狙撃手は殺人罪で訴えられ、裁判は不起訴となったものの、マスコミのバッシングに遭って当該警察官は辞職せざるをえなくなりました。

すでに半世紀以上前の事件です。バッシングを受けた狙撃手の問題は、警察権行使上の問題点ですが、交戦権なき自衛権行使の問題を抱えている今の自衛隊員が抱える問題と変わるところがありません。

もう一つ、交戦権が認められていない、ということは戦地で捕虜になれない、ということも意味しています。捕虜というのは権利です。ジュネーブ条約には、捕虜となった場合に人道的待遇を受ける権利が明記され、宿舎や食糧、衛生、金銭収入など、待遇の詳細の規定もあります。

2015年、平成27年、当時外務大臣を務めていた岸田さんは、衆議院の「我が国及び国際社会の平和安全法制に関する特別委員会」で、明確に、「後方支援は武力行使に当たらない範囲で行われる。自衛隊員は紛争当事国の戦闘員ではないので、ジュネーブ条約上の『捕虜』となることはない」と述べています。

ＰＫＯとして参加する各国軍隊は、主意はとにかくＰＫＯ（国連平和維持活動）ですから、交戦することを考えてないことは日本と一緒です。ただし、各国が場合によっては、交戦することもありうるとこれを留保しているのに対して、日本は交戦しないと言い切っているところが違います。

自分を守るために正当防衛で反撃する場合があるものの、それは交戦権の行使とは違う。ＰＫＯでも現地武装勢力に自衛隊員が拘束される可能性はある。その場合でも、ジュネーブ条約に書かれた捕虜の権利を享受することはできないと、岸田外相（当時）は国会で言い切っているのです。

戦地にあれば敵兵士を殺傷するのは当たり前のことだと、ごく常識的に考えるかもしれませんが、それは今の日本には当てはまりません。当たり前のことを、何の根拠で実施できるのかはっきりしない。ごまかしたまま放置されている。突き詰めて考えなければ、自衛隊の戦う名誉が奪われたままなのです。

あとがき

内なる『虚ろなもの』によって溶解しつつある
この国の現状に歯止めをかけるために

織田邦男

今回、ひょんなことからジャーナリストの西村幸祐氏と対談をさせていただくことになった。筆者と西村幸祐氏とは生い立ちも違い、職業も全く異なる。西村氏はジャーナリストで思想家。筆者は航空自衛隊の元戦闘機操縦者で現場の人。いわば西村氏は首から上で仕事をする人であり、小生は首から下、つまり身体で御奉公する人間である。

全く異質の世界の二人だが、何故かケミストリーが合う。共通点は同い年で、戦中派の両親に育てられたということ。対談では、談論風発、長時間にわたり、話題も広範囲に及んだ。熱を帯びたのは、総じて憂うべき日本の現状であった。

もう約30年以上も前の事になる。バブルがはじける直前だったと思う。「日本は爛熟して倒れつつある」と誰かが言った。筆者は当時、飛行隊長として国防の最前線で、日夜スクランブルに明け暮れていた。だが、この言葉が妙に気にかかっていた。

最近の日本の現状を見るにつけ、忘れかけていたこの言葉がフラッシュ・バックする。無気力、いじめ、自殺、モラル溶解、学力低下、若年層の殺人、パパ活、拝金主義、親による子の虐待、マナー喪失、言葉狩り、少子化、「公」の喪失……やはり日本は倒れつつあるのかも知れない。

特に少子化は深刻である。まさに国家の危機であるにもかかわらず、国民は見て見ぬ振りをし、政治家は弥縫策《びほう》でお茶を濁す。少なくなった若者が、これまで以上にしっかりしているならまだいい。だが、こんなデータがある。

若年労働力人口（15～34歳）は、この10年間で約３００万人以上減少した。にも関わらず、定職を持たないフリーターが約１４３万人もいる。また働きもしない、かといって仕事を見つける努力もしない若年無業者（ニート）が約53万人もいるという。（厚生省資料「若年者雇用対策の現状等について」）

「青少年を見れば、その国の未来が見える」といわれるが、日本の未来は決して明るくない。

他方、日本を取り巻く安全保障環境は、戦後最も厳しいと言われる。日本は２つの共産主義国家に囲まれ、３つの核武装した独裁国家に囲まれる。世界で核弾頭数が増えているのは、ここだけだ。また、３つの国と領土係争を抱えるが、北方領土と竹島は不法占領されたままで、返還される目途はない。日本政府が「係争はない」と主張する尖閣諸島も、今や実効支配は中国に移りつつある。日本政府は為すすべなく、無為無策が続く。

中国は台湾の武力併合を決して否定しない。台湾周辺には日本のシーレーンが通る。原油、天然ガスの約90％以上が通過する生命線である。また台湾と指呼の間にある先島諸島には、10万人以上の日本国民が暮らしている。まさに台湾有事は日本有事である。しかしながら、日本人には危機感が感じられず、自国を是が非でも守るという気概も感じない。

昨年、自衛隊員の募集は、必要人数の５割しか確保できなかった。頼みの綱である自衛隊の人員不足は深刻である。国家の大事だが、政治家でさえ他人事のようだ。

かつて、日本は尚武の国であり、恥の文化を誇りとし、道義や品格を重んじた。国家への献身的奉仕の精神は当然のことだった。だが今の日本は、見る影もない。

対談の中でも出たが、ベニスの歴史家ジョバンニ・ホテロは「偉大な国家を滅ぼすものは、決して外面的な要因ではない。何よりも人間の心の中、そしてその反映たる社会の風潮によって滅びる」と言った。また歴史家トインビーは「我々は常に、自らの内にある『虚ろなもの』によって亡ぶ」と言った。

確かに日本は豊かになったが、内なる『虚ろなもの』によって溶解しつつあるように思えてならない。この危機感は西村氏と一致した。対談では、この『虚ろなもの』が、どのようにして日本に蔓延していったのかが焦点となった。

戦後7年間に及ぶ進駐軍の占領統治が如何に巧妙で、日本人を骨抜きにし、日本人らしさを奪ったか。日本が二度と米国に楯突かぬよう、マッカーサーは日本的なるものを奪う占領政策を巧みに、かつ着実に実施した。

驚くべきことに、卑劣な占領政策に多くの日本人有識者が協力していたのが最近わかってきた。検閲や言論封殺に始まり、約７０００冊に及ぶ焚書に手を貸したのは東京大学の若手学者だったという。

問題は、そうした日本人的なるものを奪う占領政策に、日本人が唯々諾々と従ったことであり、何より罪深いのは、再び独立した後もなお、占領政策を受け継ぎ、積極的に推し進めようとした学者や政治家、そしてメディアがいたことだ。占領政策の一環として押しつけられた現行憲法が、未だに一字一句改正されていないのがその証左であろう。

こうして『虚ろなもの』が教育界に広がり、拡大再生産されて日本中に蔓延した。一番の問題点は、この深刻さに日本人自身が気がついていないことだ。「国家」、「公」より「個」、「私」を優先し、国家と歴史、民族と文化を貶め、国家、国旗を拒否し、揚げ句の果ては祖先、両親への敬慕、子弟間の礼節まで含めたあらゆる伝統的価値観に背を向けさせた戦後教育の弊害に気がついていない。

この巧妙な政策はどのように具体的に行われたか。この対談本では、その内容を5つに分類し、①情報を閉ざす　②歴史を削除する　③言葉を奪う　④幻想を与える　⑤戦う名誉を奪う、としてまとめられた。

語れば語るほど、暗い気分になる。この状況は不可逆なのだろうか。我々はトインビーが語る次に言葉に一筋の光明を見いだす。「いかなる国家も衰退するが、その要因は決して不可逆なものではなく、意識をすれば回復させられる。国家衰退の決定的要因は自己決定能力の欠如だ」と。

現状を真面目に捉えて危機、問題点を認識し、解決に向けて自己決定ができれば、決して不可逆ではない。内からの溶解現象も止めることができる。日本がこの惨状から脱するためには、それしかない。先人達のように身を捨てて国の為に尽くす、公に尽くすことは善なること、この価値観を取り戻すことだ。是非、多くの日本国民がこの本を読み、問題認識を共有してもらいたいと願う。

最後になったが、この対談を文字に起こして、纏めていただいた尾崎克之氏（株式会社インターソース代表取締役）に心から感謝したい。尾崎氏の力添えなしで、この本は世に出ることはなかった。また出版に御尽力いただいた佐藤寿彦氏（株式会社ワニ・プラス代表取締役）にも深甚なる謝意を表したい。

織田邦男（おりた・くにお）

1952年生まれ。74年防衛大学校卒業、航空自衛隊入隊。F4戦闘機パイロットなどを経て、83年米国の空軍大学へ留学。90年第301飛行隊長、92年米スタンフォード大学客員研究員、99年第6航空団司令。2005年空将、2006年航空支援集団司令官（イラク派遣航空部隊指揮官）を務め2009年に航空自衛隊退官。2015年東洋学園大学客員教授、2022年麗澤大学特別教授。同年第38回正論大賞受賞。著書に『空から提言する新しい日本の防衛』（ワニ・プラス）。

西村幸祐（にしむら・こうゆう）

批評家。1952年、東京都生まれ。慶應義塾大学文学部哲学科在学中より「三田文学」編集担当。音楽ディレクター、コピーライター等を経て1980年代後半からF1やサッカーを取材、執筆活動を開始。2002年日韓共催W杯を契機に歴史認識や拉致問題、安全保障やメディア論を展開。「表現者」編集委員を務め「撃論ムック」「ジャパニズム」を創刊し編集長を歴任。（一社）アジア自由民主連帯協議会副会長。著書は『ホンダ・イン・ザ・レース』（講談社）、『NHK亡国論』（KKベストセラーズ）、『21世紀の「脱亜論」』（祥伝社）、『韓国のトリセツ』『日本人だけが知らなかった「安倍晋三」の真実』（ワニブックス【PLUS】新書）、『朝日新聞への論理的弔辞』（ワニ・プラス）など多数。
X（旧Twitter）のアカウント　https://x.com/kohyu1952

日本を滅ぼす簡単な5つの方法 世界は悪意と危機に満ちている

2024年10月10日　初版発行

著者　織田邦男　西村幸祐
発行者　佐藤俊彦
発行所　株式会社ワニ・プラス
〒150-8482　東京都渋谷区恵比寿4-4-9 えびす大黒ビル7F

発売元　株式会社ワニブックス
〒150-8482　東京都渋谷区恵比寿4-4-9 えびす大黒ビル

装丁　新 昭彦（TwoFish）
編集協力　尾崎克之
DTP　株式会社ビュロー平林
印刷・製本所　中央精版印刷株式会社

　ISBN 978-4-8470-7484-4